BUSINESS

하루 한 권, 주사위 경영학

KB054968

전략적인 내일을 만드는 자본과 시장의 지혜

글 / 히라노 아쓰시 칼

미국 일리노이주 출생. 경영 컨설턴트. ㈜넷스트레티지 대표이사 사장, 사단법인 플랫폼 전략협회 대표이사. 도쿄대학 경제학부 졸업. 일본 흥업은행, NTT 도코모 i모드 기획부 담당 부장을 거쳐 2007년 하버드 비즈니스 스쿨 준교수와 컨설팅&연수회사 ㈜넷스트레티지를 창업해 사장에 취임. 하버드 경영대학원 초대 강사, 와세다 대학 MBA 시간 강사, BBT 대학교수, 라쿠텐 옥션 이사, 타워 레코드 이사, 도코모닷컴 이사를 역임. 저서로 『プラットフォーム戦略 플랫폼 전략』〈東洋経済新報社〉, 『ビジネスモデル超入門 비즈니스 모델 초입문』〈ディスカヴァー・トゥエンティワン〉, 『新・プラットフォーム思考 신 플랫폼 사고』・『カール教授のビジネス集中講義 シリーズ　経営戦略・ビジネスモデル・マーケティング・金融・ファイナンス 칼 교수의 비즈니스 집중 강의 시리즈 경영전략・비즈니스 모델・마케팅・금융・파이낸스』〈朝日新聞出版〉 등 다수.

[Twitter] carlhirano

일러스트 / 기타가마에 마유

일러스트레이터. 1991년생. 홋카이도 출신. 미술대학 졸업 후 도쿄의 웹사이트 제작 회사에 디자이너로 취직. 현재는 프리랜서 일러스트레이터로서 광고, 잡지, 서적, 패키지 등 다양한 매체에서 활동.

[Instagram] @gaem0203

START

들어가며

경영학이란 기업이나 조직의 경영 자원을 얼마나 효율적으로 사용할 수 있을지를 배우는 학문입니다. 여기서 경영 자원이란 그곳에 속한 사람이나 물건, 돈, 정보 등을 의미합니다.

이 책은 경영학을 잘 모르는 사람도 쉽게 이해할 수 있도록 그림과 이야기를 담아 재미있게 썼습니다.

우선, 성격이 다른 두 자매가 대학 축제에서 과자를 판 경험을 살려 과자 가게를 운영하게 되면서 이야기가 시작됩니다. 두 사람은 경영을 이어 나가며 다양한 고민에 빠집니다. 하지만 그럴 때마다 할아버지의 조언을 참고해 경영학을 배우고 성장하며 사업을 키워나갑니다.

그러나 이윽고 자매는 자신들의 사업이 무엇을 위한 것인지 고민에 빠지며 서로 다른 의견을 가지게 됩니다. 사업 확장을 추구하며 상장을 목표로 하는 언니, 그리고 정말로 하고 싶은 일을 자기만의 속도로 해 나가고 싶은 동생의 의견이 대립합니다. 과연 어떤 결말이 우리를 기다리고 있을까요? 그리고 당신이라면 어떤 길을 선택했을지 생각해 보기를 바랍니다.

저는 오랫동안 교수로서 대학과 대학원(MBA)에서 경영학을 가르쳐왔습니다. 어떻게 보면 중소 영세 기업을 운영하는 분들은 모두 경영학을 배우고 있는 것이라 말할 수도 있겠습니다. 그리고 그것은 우리 사회를 건강하게 만드는 원동력이 됩니다.

이 책을 읽고 경영학에 흥미가 생겼다면 이 책의 원본인 졸저『カール教授のビジネス集中講義 シリーズ 経営戦略・ビジネスモデル・マーケティング・金融・ファイナンス 칼 교수의 비즈니스 집중 강의 시리즈 경영전략·비즈니스 모델·마케팅·금융·파이낸스』〈朝日新聞出版〉도 참고해 보세요.

이 책이 즐거운 경영학의 세계로 들어가는 계기가 되었으면 좋겠습니다.

히라노 아쓰시 칼

들어가며 3	이 책의 활용법 10	등장인물 소개 12

STAGE 0 프롤로그 13	비즈니스의 계기 14	STORY 0 16	STAGE 1 사업의 시작 17	흥미 · 강점 · 수요 18
				경영이란 20
차별화 전략 30	코스트 리더십 전략 28	비즈니스 모델이란 26	마케팅이란 24	비전과 미션 22
집중 전략 32				소매점 위탁 판매 44
내부 분석과 외부 분석 34	3C분석 36	PEST 분석 38	크로스 SWOT 분석 40	판매 채널 42
				인터넷 쇼핑몰을 통한 판매 46
STORY 1 52	이노베이터 이론 50			린 스타트업 48

STAGE CLEAR

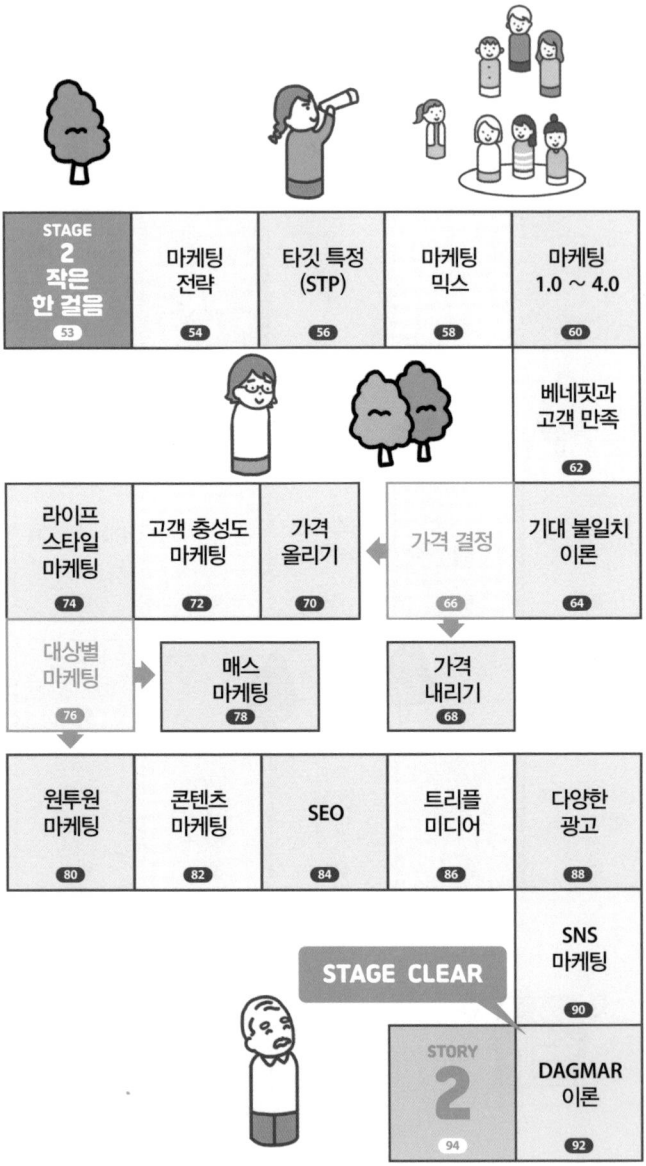
STAGE 2 작은 한 걸음 53
마케팅 전략 54
타깃 특정 (STP) 56
마케팅 믹스 58
마케팅 1.0 ~ 4.0 60
베네핏과 고객 만족 62
기대 불일치 이론 64
가격 결정 66
가격 올리기 70
고객 충성도 마케팅 72
라이프 스타일 마케팅 74
가격 내리기 68
매스 마케팅 78
대상별 마케팅 76
원투원 마케팅 80
콘텐츠 마케팅 82
SEO 84
트리플 미디어 86
다양한 광고 88
SNS 마케팅 90
DAGMAR 이론 92
STAGE CLEAR
STORY 2 94

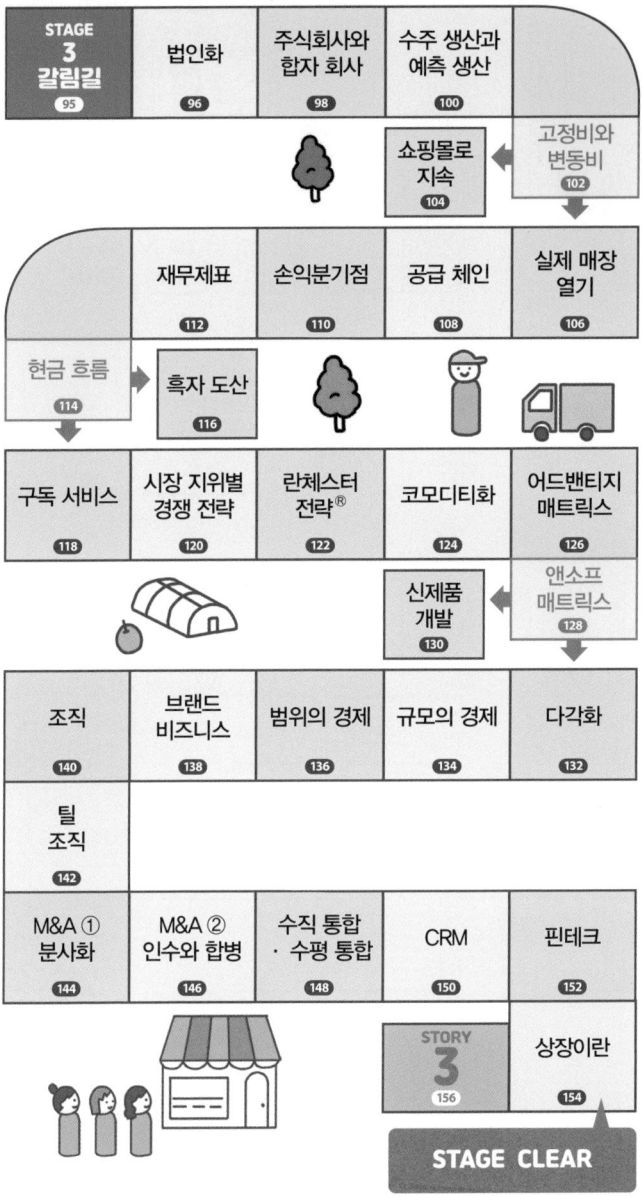
STAGE 3 갈림길 95
법인화 96
주식회사와 합자 회사 98
수주 생산과 예측 생산 100
고정비와 변동비 102
쇼핑몰로 지속 104
실제 매장 열기 106
공급 체인 108
손익분기점 110
재무제표 112
현금 흐름 114
흑자 도산 116
구독 서비스 118
시장 지위별 경쟁 전략 120
란체스터 전략® 122
코모디티화 124
어드밴티지 매트릭스 126
앤소프 매트릭스 128
신제품 개발 130
다각화 132
규모의 경제 134
범위의 경제 136
브랜드 비즈니스 138
조직 140
팀 조직 142
M&A ① 분사화 144
M&A ② 인수와 합병 146
수직 통합 · 수평 통합 148
CRM 150
핀테크 152
상장이란 154
STORY 3 156
STAGE CLEAR

STAGE 4 목표는 어디에? 157

상장 경로

프랜차이즈 158 | 얼라이언스 160 | OEM 162 | IPO 164

매각 경로

센트럴 키친 방식 166 | 기업 가치 평가 168 | 우호적 인수와 적대적 인수 170 | VC (벤처 캐피털) 172

지속 가능 경로

지속 가능 경영 174 | 크라우드 펀딩 176 | CSV 178

자영업자 경로

사업 승계 180 | 클래스 비즈니스 182 | 에인절 투자자 184

에필로그 186

마치며 188 | 주요 참고 도서 189

이 책의 활용법

두 페이지의 퍼즐 일러스트가 한눈에 들어오지 않나요? 일러스트를 눈으로 좇는 것만으로도 회사의 경영 포인트와 흐름을 자연스럽게 파악할 수 있도록 구성했습니다. 여기에서는 지면을 구성하는 각각의 요소를 설명하려 합니다.

이 페이지에서 자매가 배울 개념과 행동

자매의 학습 과정을 나타냄. 일반적인 칸 외에 STAGE, GOAL, STOP, STAGE CLEAR, GAME OVER가 있음

STOP 칸은 진행 경로가 여러 가지일 때 나타나는데, 이때는 어떤 경로로 진행할지 선택할 수 있음

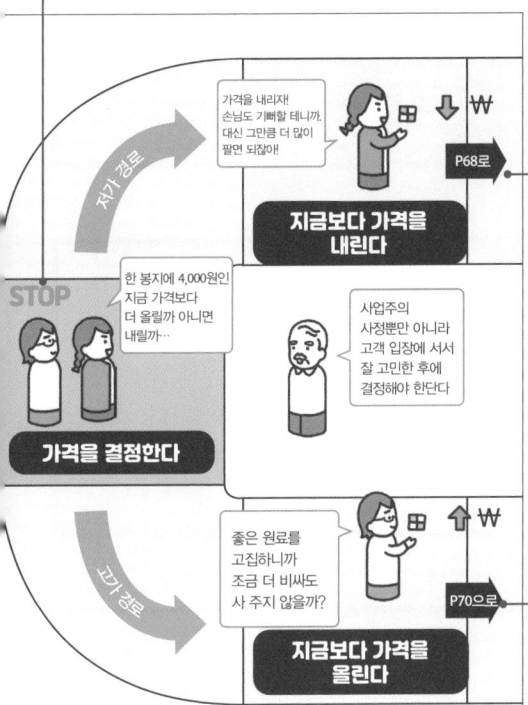

경로의 진행 방향. 화살표가 가리키는 페이지로 이동하면 됨

할아버지의 용어 설명

가격을 어느 정도로 할지는 중요한 문제란다. 수요나 상품 비용 외에도 고객이 이 상품을 살 때의 심리, 지역 같은 것도 관련이 있으니까. 그나저나 너희들의 쿠키는 어느 쪽이 좋을지…….

키워드를 자세히 설명한 부분

등장인물 소개

김지호

대학교 3학년에 재학 중. 과자 만들기가 취미다. 행동파 야심가로, 생각이 떠오르면 즉시 실행하는 타입이다. 약간 감정적이고 성급하다는 점이 옥에 티. 직접 구운 과자가 잘 팔리자 회사를 더욱 키우고 싶어한다.

김도희

지호의 여동생이다. 언니와 함께 과자 만들기를 즐기며 대학교 2학년에 재학 중. 느긋하지만 주관만큼은 누구보다 뚜렷하다. 돌다리도 두들겨 보고 건널 정도의 성격을 가졌다. 다만 가끔은 '신중함'이 너무 지나쳐서 탈. 회사가 커지자 자기가 하고 싶었던 일을 다시 바라보게 된다.

할아버지

지호와 도희의 할아버지. 파티시에로 오래 일했으며 지금도 파티스리를 운영하는 경영자다. 장사와 경영에 관해 두 사람에게 여러 조언을 건네는 인물. 사업 자금을 출자해 주기도 하고, 휴업 중인 가게의 주방을 두 사람에게 빌려 주기도 하는 등 손녀들에게 너그럽다.

STAGE 0

프롤로그

지호와 도희는 대학 축제에서
과자를 파는 문제에 대해 의논하고 있다

언니, 우리가 만든 과자를 축제에서 판다는 거 진심이야?

그럼. 만든 과자 나눠 주면 항상 반응 좋잖아.

근데 모르는 사람이 사 줄까…….

도희야, 너는 무슨 일이든 하기 전부터 걱정하더라! 일단 해보자!

STAGE 0

비즈니스의 계기

좋아하는 일이 돈이 된다고?

도희야, 우리 과자 만드는 거 좋아하잖아.
좋아하는 일로 돈을 벌 수 있다니, 최고야!

그거야 그렇지만…….

음, 일단은 같이 생각해 보자!

좋아하거나 잘하는 일로 뭔가를 만들어서 고객에게 제공하는 일은 돈이 되는구나! 나 물건을 만들어 파는 일에 흥미가 생긴 것 같아. 맞다, 우리 과자를 할아버지 가게에서도 팔면 어떨까?

STORY 0

두 사람은 과자 판매에 대해 의논하기 위해 할아버지의 가게를 찾아왔다.

…사정이 이래요. 할아버지 가게에서도 저희 과자를 팔 수 있게 해주세요!

으음, 그보다는 이왕이면 너희들이 팔아보면 어떻겠니?

아무리 그래도
저희는 초보고…….

그건 할아버지가 조언해 줄게. 애초에 판매용 음식물은 보건소에 신고한 시설에서 제조된 것이어야 하니까.

그럼 할아버지네
가게 주방 빌려 주세요!

마침 가게 하나가 비어 있으니 거기라면 괜찮겠구나! 보건소 신고와 식품 위생에 관한 강습 수강도 잊지 말고.

이렇게 두 사람은 할아버지에게 과자 가게 경영의 기초를 배우게 되었다.

STAGE 1

사업의 시작

물건을 만들어 팔기 위해서는 어떤 것부터 시작하면 좋을까?

자, 우선은 장사를 시작하기 전에 필요한 기초 지식을 공부해 볼까? 애초에 경영이라는 건 말이지…….

자, 잠깐만요, 할아버지! 최대한 쉽게 부탁해요! 나도 도희도 어려운 말은 이해 못해요!

(자기랑 같은 취급하네……!)

STAGE 1

흥미 · 강점 · 수요

세 개가 겹치는 것을 찾아 볼까?

축제 때 너희들이 생각한 것은 옳았어. 그래서 성공한 거란다.

그게 무슨 소리예요?

너희들이 좋아하는 것과 잘하는 것, 그리고 고객을 고려했잖니? 그게 중요한 거거든.

세 요소가
겹쳐야 하는구나,
어렵네

세 요소가 겹치는 지점을 생각한다

그 세 요소가
겹친 결과가 바로
와플 메이커로 만드는
따끈따끈한 와플이었단
얘기지!

NEXT

사업의 방향성을 결정

그때의 기후나
고객의 상황을
생각했던가

'수요'를 고려한다

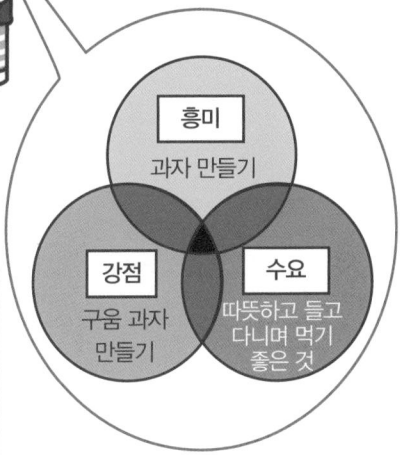

우리의 '강점'은
과자 만들기!

그중에서도
구움 과자네

'강점'을 고려한다

할아버지의 용어 설명

사업을 시작하려면 흥미 · 강점 · 수요 세 가지가 반드시 겹쳐야 해. 예컨대 '아이스크림 만들기를 좋아하고 잘하더라도 추운 날에는 수요가 없다'는 점에서 알 수 있듯이, 셋 중 하나라도 빠지면 잘 될 수가 없어.

STAGE 1

경영이란

경영의 구조를 알아보자

그럼 어서 빨리 과자를 만들어 팔자!

지호는 성미가 급하구나. 그 전에 경영이란 무엇인지를 간단히 설명해 줄게.

경영이요? 진짜로 간단히 설명해 주셔야 해요!

번 돈으로 더욱 좋은 상품을 만드는 거구나

설비 투자

신상품 개발

NEXT

번 돈의 일부로 설비나 상품을 강화한다

출자자의 돈으로 상품이 만들어진 거니까

고맙습니다

번 돈의 일부를 출자자에게 나눠준다

네 가지를 조합해서 상품을 만들어 판매

상품이 히트를 쳐서 회사가 돈을 번다

할아버지의 용어 설명

경영이란 ①출자를 받아서 ②그것으로 상품이나 서비스를 만들어 돈을 벌고 ③그중 일부를 투자해 더 좋은 상품이나 서비스를 만들어 ④더 많은 돈을 버는 사이클이란다. 이 과정이 제대로 굴러가지 않으면 원인이나 개선점을 생각해야 하지.

STAGE 1

비전과 미션

회사가 지향하는 방향을 결정하자

경영의 개념을 이해했으니 이제 비전과 미션을 결정해 볼까?

비전과 미션이요?

간단히 말하면 이 사업의 최종 목표와 그것을 통해 무엇을 이루고 싶은지를 정하는 거란다.

할아버지의 용어 설명

비전과 미션을 통해 시작하고자 하는 사업의 이상적인 모습을 확인했지? 지호와 도희의 사업을 예로 들자면 '관련된 사람 모두가 행복해지는 업계 최고 과자점'인 거지. 이걸 경영 이념이라고 한단다.

STAGE 1

마케팅이란

고객이 원하는 것은?

과자를 많이 팔려면 어떤 사람이 과자를 사 줬으면 하는지를 생각해야 해. 이걸 마케팅이라고 한단다.

아, 들어본 적 있어요!
왠지 사업스러워졌네요!

P. 코틀러

상품의 가치에서 고객 비용을 빼고도 가치가 남으면 고객은 사 준다

마케팅에 관해 유명한 경영학자 코틀러와 드러커의 생각을 살펴보자

총고객가치		총고객비용		순고객가치
상품 서비스 종업원 브랜드	−	돈 시간 수고 스트레스	=	맛있어

코틀러의 생각을 배운다

할아버지의 용어 설명

기억이 이익을 내기 위해서는 '누구에게 어떤 가치를 어떻게 제공하는가'가 중요해. 그래서 필요한 것이 바로 마케팅이지. 더욱이 현대에는 고객이 원하는 것뿐 아니라 고객의 욕구 자체를 만들어 내는 것이 요구된단다.

STAGE 1

비즈니스 모델이란

돈을 버는 구조를 생각해 보자

고객을 생각하는 것이 중요하다는 건 알았어요! 자, 이제 과자를 만들어요!

지호야, 직접 만든 과자를 파는 라이벌은 이미 잔뜩 있단다. 경쟁사와 다른 시스템, 즉 비즈니스 모델을 생각해야 해.

고객이 가게로 직접 사러 오거나, 전국 편의점과 마트에 상품을 납품하는 거군요

기존 과자 가게의 비즈니스 모델을 배운다

1. 일본의 제과 회사. 오사카 도톤보리의 글리코 네온사인으로도 유명하다

오피스 글리코

글리코의 과자가 들어 있는 상자를 회사에 설치해서 직원들이 마음껏 살 수 있도록 한 과자 판매 서비스. 도야마 지역에서 약을 파는 방법을 보고 힌트를 얻었다

먹어야지

밖에 안 나가도 되겠네

1,000

그 전에는 가게에서 팔거나 도매로만 팔 수 있었던 과자를 회사 안에 두고 팔면서 새로운 고객을 개척한 거네

실제로는 남성 고객의 수요가 많대

NEXT

오피스 글리코의 예를 참고한다

할아버지의 용어 설명

경쟁사와는 다른 '돈을 버는 구조'를 생각하는 것이 비즈니스의 기본이란다. 처음에는 경영 자원도 적으니 갑자기 큰일을 벌일 수는 없어. 밑천이 많이 들지 않는 비즈니스 모델을 생각해야 하지.

STAGE 1

코스트 리더십 전략

대기업이 경쟁하는 방식

다음은 경영 전략이다. 너희들이 뛰어들려는 업계는 어떤 상황인지, 또 그 안에서 어떤 작전으로 경쟁해 나갈지를 생각해야 한단다.

우리처럼 이제 막 시작한 회사가 큰 회사와 제대로 경쟁할 수 있을까요?

우선 기본적인 전략은 세 가지가 있는데, 큰 회사와 작은 회사는 경쟁하는 방식도 다르지.

대기업의 방식은 풍부한 경영 자원을 활용한 코스트 리더십 전략이란다

한 해 동안 대량 발주할 테니까 금액도 깎아 주세요!

제조사 A

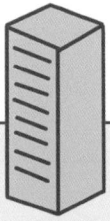

아, 네!

공장

배송

대량 발주로 비용을 절감한다

A사의 독주가 점점 심해져서 아무도 못 이기게 돼

NEXT

대기업이 아니면 불가능한 방법이다

쿠키로는 이길 수가 없어… 제조를 그만두고 철수해야 해

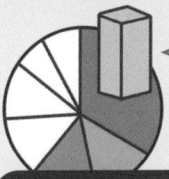

쿠키 시장 전체 매출 중 3분의 1을 우리 상품이 차지했어!

시장 점유율을 높여서 경쟁이 불가능해지도록 한다

A사의 쿠키가 싸고 맛있어서 진열대 대부분을 점령해 버렸어

제조사 B

당해낼 수가 없잖아…

비용 절감을 통해 퀄리티가 일정한 상품을 저렴한 가격에 대량으로 진열한다

할아버지의 용어 설명

마이클 포터라는 경영학자가 제창한 세 가지 기본 전략 중 하나가 이 코스트 리더십 전략이란다. 대량 발주와 비용 절감의 자세한 관계는 '규모의 경제'(P134)를 참고하렴.

STAGE 1

차별화 전략

자본이 없다면 아이디어로 승부하자

잠깐만요, 할아버지! 대기업이 저러면 우리는 승산이 없잖아요!

허허, 그걸 뒤집는 게 또 재밌지 않겠니. 자금력으로는 못 당해도 다른 방도가 있지. 그게 바로 차별화 전략이란다.

입지

주택가 한가운데에
가게를 낸다든가

상품

말린 멸치

특이한 식재료를
써본다든가

서비스

고객 한 명 한 명이 세세하게
주문할 수 있도록 한다든가

영업시간

한밤중까지
영업을 한다든가

생각해 보면 다양해

NEXT

차별화 할 포인트를 생각해 본다

할아버지의 용어 설명

이 방법은 아이디어에 따라 큰 매출을 올릴 수도 있지. 그렇다고 무조건 특이함을 추구하라는 소리가 아니야. 그 차이가 곧 고객의 가치로 이어질 것을 항상 염두에 둬야 한단다. 그리고 대기업이 따라하기 힘든 부분을 차별화하는 것도 중요해.

STAGE 1

집중 전략

범위를 좁혀서 경영 자원을 쏟아 붓기

자, 그럼 어서 우리의 차별화 포인트를 생각해 봐요!

음, 그 전에 전략이 하나 더 있단다. 근데 이건 앞에 나온 두 개와 조합해서 쓰는 거지.

조합한다는 게 무슨 말씀이에요?

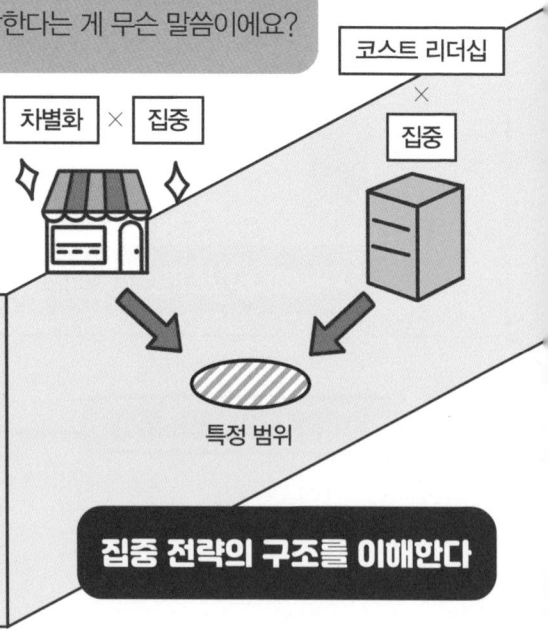

집중 전략의 구조를 이해한다

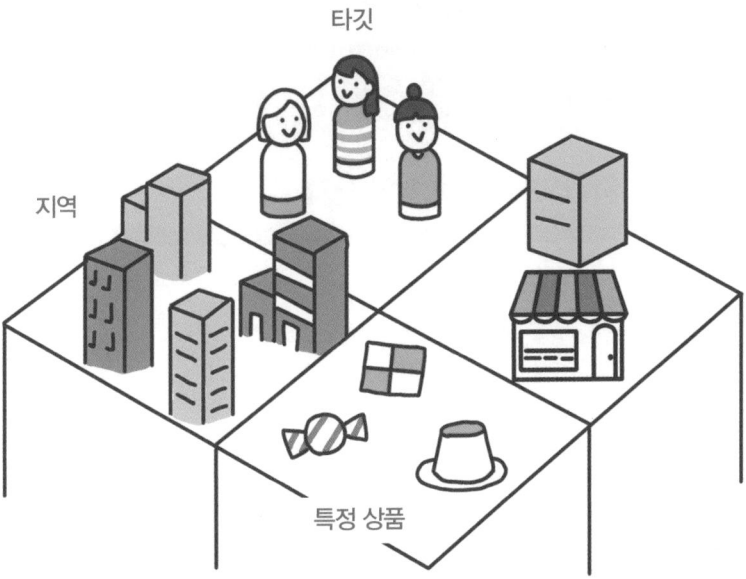

할아버지의 용어 설명

앞에 나온 두 전략은 폭넓은 타깃을 향한 전략이지. 지호와 도희처럼 스타트업이라면, 타깃이나 상품 종류를 좁힌 다음 그 범위에서 차별화해 점유율을 높이는 차별화×집중이 기본 전략이 되는 거란다.

STAGE 1

내부 분석과 외부 분석

자사와 환경을 이해하자

다음은 세 가지 분석을 통해서 너희 스스로와 너희를 둘러싼 환경을 생각해 보자꾸나.

확실히 바로 시작하기는 불안하네요. 업계를 제대로 조사하지 않으면 차별화×집중 전략의 구체적인 내용도 정할 수 없으니까요.

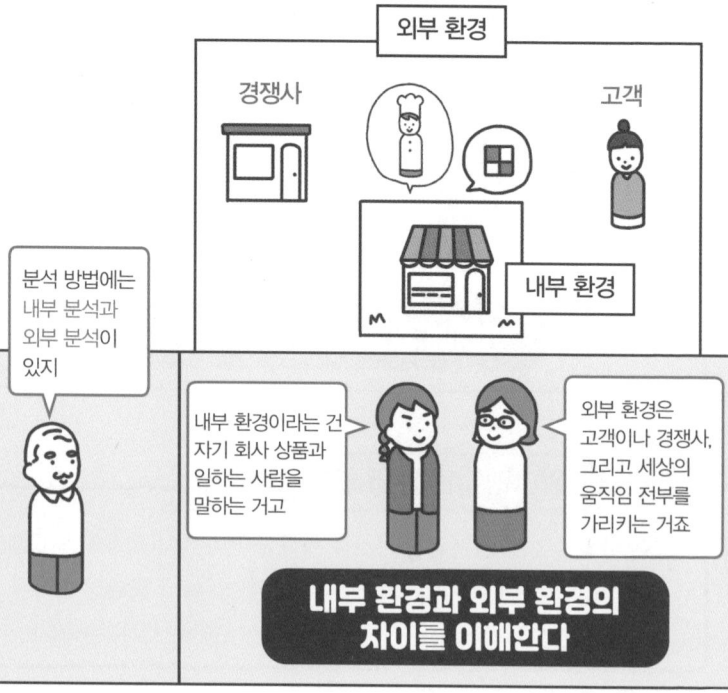

할아버지의 용어 설명

내부와 외부 환경은 독립된 것이 아니기 때문에 3C나 SWOT처럼 동시에 생각하는 분석도 있지. 물론 이 세 가지 외에도 다양한 분석이 있단다. 하지만 아직 사업 규모가 작고 상품이나 사업의 종류도 적으니 이 세 가지 분석으로도 충분해.

STAGE 1

3C 분석

중요한 세 가지 C란?

자, 그럼 3C 분석부터 살펴볼까?
3C는 Customer, Competitor, Company 이렇게 세 가지란다.

고객, 경쟁사, 자사를 분석하는 거군요.

3C 분석은 내부 분석이기도 하고 외부 분석이기도 하단다. 경영 전략에서 가장 기본이 되는 분석이지

역시 주요 고객층은 여성이네요. 어떤 수요가 있으려나?

기념품이나 선물로도 살 것 같네

Customer(고객)에 대해 생각한다

고객과 상품의 틀이 조금씩 보이기 시작했니? 다음 분석에서 더 생각해 보자꾸나

네~

NEXT

현재로서 우리 회사에 있는 건 우리랑 만들 수 있는 과자, 아까 정했던 비전, 그리고 미션뿐이네

그 비전과 미션으로 생각하면 알레르기가 있거나 건강을 생각하는 고객이 원하는 과자를 만들면 될까?

Company(자사)에 대해 생각한다

비전

미션

자사

유행하는 과자, 정통 과자, 가격이 비싼 것, 싼 것, 건강 과자, 인터넷 판매점 등 여러가지가 있어

Competitor(경쟁사)에 대해 생각한다

경쟁사

할아버지의 용어 설명

3C 분석은 3개의 C를 분석하는 기본 분석이란다. 각각의 C는 밀접하게 얽혀 있기 때문에 바로 구체화할 수 있는 것은 아니야. 다른 방법으로 분석한 다음에 다시 3C 분석으로 돌아와서 생각해야 해.

STAGE 1

PEST 분석

세상의 움직임과 자사의 관계를 분석하자

다음은 PEST 분석이란다. 정치, 경제, 사회, 기술.
이 네 가지에 대해 생각해 보자꾸나.

네? 정치가 우리 과자랑 무슨 상관이 있어요?

큰 상관이 있지! 소비세 개편이나 원자재를 조달하는
나라와의 관계 등 물건을 팔려면 세상이 돌아가는
상황을 항상 민감하게 파악해야 한단다.

Politics, Economy, Society, Technology 이렇게 네 개의 앞글자를 따서 PEST분석이라고 하지

Politics

Economy

Society

Technology

PEST의 요소를 알아본다

Politics

여러 나라와의 관계에 의한
수입 재료의 가격 상승

Economy

불경기로 인한
소비자의 구매 감소

Society

고령화와 건강 관리 열풍에 의한
고객의 기호 변화

Technology

비용이 적게 드는 제과 설비나
새로운 결제 시스템의 탄생 등

다들 절약하는 분위기가
되면 과자는 제일 먼저
배제될 것 같아

식재료는 수입
품이 많으니까
정치랑도
상관이 있겠네

오히려 절약해야
하니까 한 번 살 때
조금 비싸더라도
좋은 물건을
사고 싶어지지
않을까?

NEXT

자사와 세상의 관계를 예측한다

할아버지의 용어 설명

PEST 분석은 현재가 아니라 미래에 일어날 것 같은 일을 생각하는 것이란다. 자사 사업에 미치는 영향의 크기와 그 예측이 정말 일어날지 확실성을 따져보는 것도 중요한 일이지.

STAGE 1

크로스 SWOT 분석

강점과 약점, 위협과 기회

이제 둘이 만들고 싶은 과자가 대강 정해진 것 같네. '원재료를 신경 쓴 믿고 먹을 수 있는 과자'구나.

네, 거기서 범위를 더 줄여서 비건을 위한 과자를 만들어 볼까 싶기도 해요.

허허, 그럼 상품의 강점 · 약점 · 기회 · 위협을 고려한 크로스 SWOT 분석으로 살펴보자꾸나.

우선 내부의 강점과 단점을 뜻하는 '강점'과 '약점', 외부의 강점과 단점을 말하는 '기회'와 '위협'을 알아 보자

Strength(강점)

원재료에 대한 철저한 배려

Weakness(약점)

적은 자금과 인원

Opportunity(기회)

건강이나 알레르기를 신경 쓰는 사회적 분위기

Threat(위협)

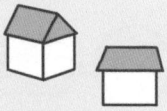

경쟁하는 가게가 많아서 묻혀 버림

SWOT 요소를 확인한다

	Opportunity	Threat
Strength	**기회를 살려 강점으로 승부** 달걀 안 돼요 글루텐 프리 타깃에게서 세세한 주문을 듣고 반영한다	**강점을 살려 위기를 헤쳐 나간다** '비건 과자'를 내세워 브랜드 파워를 높인다
Weakness	**기회일 때 약점을 이용한다** 상품 수를 줄여서 경영 자원을 집중시킨다	**약점을 살려 위기를 헤쳐 나간다** 상품 수를 한정해서 희소성을 높인다

할아버지의 용어 설명

크로스 SWOT 분석은 내부와 외부의 강점과 단점을 동시에 고려해서 구체적인 방안을 생각하는 것이야. 이해하기 쉬우라고 우선 SWOT의 요소를 하나씩 알아본 거란다. 하지만 실제로는 각 요소를 동시에 생각하면서 구체적인 방안을 여러 개 생각하게 되는 법이지.

STAGE 1

판매 채널

상품을 어떻게 팔까?

할아버지!
비건 쿠키로 정했어요!

좋아, 강의는 끝이네!
마지막으로 판매 채널.
고객에게 어떻게 팔지를 생각해야지.

가게에서 팔지, 인터넷에서 팔지
정하라는 얘기군요.

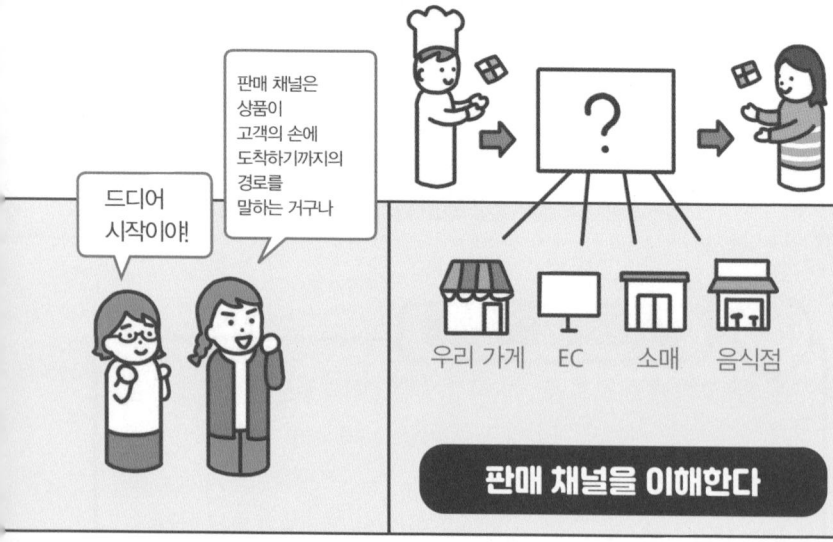

소매 경로

소매점에
위탁 판매를 한다

P44로

STOP

어느 쪽이
좋을까?

판매 채널을 선택한다

너희들은 아직
가게가 없으니
다른 가게에 위탁하는
소매 경로나
인터넷으로 직접
판매하는 EC경로,
둘 중 하나를
선택해야 해

EC 경로

원재료도
안심되고
맛있을 것 같아!

인터넷 쇼핑몰에서
판매한다

P46으로

할아버지의 용어 설명

지금까지의 분석도 물론 중요했지만 판매 채널 선택은 더욱 더 중요하단다. 상품의 특성이나 자사의 브랜드, 타깃의 특성 등 다양한 조건을 고려해서 자사의 상품에 가장 잘 맞는 판매 채널을 정해야 해.

STAGE 1

소매점 위탁 판매

매장에 진열하려면 어떻게 해야 할까?

도희야, 이제 우리 쿠키를 놓고 팔아 줄 가게를 찾자!

음, 갑자기 들어가서 부탁한다고 해 줄까?

실례합니다~ 이것 좀 팔아 주세요!

마트 같은 대형 소매점에 영업한다

위탁 판매의 길은 험난하단다. 하지만 이 경험도 분명 도움이 될 거야. 판매 채널을 다시 생각해 보자꾸나

GAME OVER

(P43으로 돌아가기)

신뢰가 없으면 위탁 판매도 어렵다

시험 삼아 일정 기간이라면…

잘 부탁 드려요!

에이, 그럼 개인 가게를 돌아다니면서 꾸준히 영업하자!

작은 카페에 영업한다

상품을 잘 모르기에 아무도 안 산다

상품과 매장의 타깃이 다르다

가게 자체의 인지도가 없다

허락을 받더라도 다양한 이유로 팔리지 않는다

할아버지의 용어 설명

대형 소매점에 위탁하면 지명도도 활용할 수 있고 고객도 많아서 잘 팔리겠지만 허락받기까지의 장벽이 높아. 개인 가게에는 위탁할 수 있더라도 매출이 적지. 애초에 수수료가 나가는 만큼 개인 사업자나 작은 회사가 위탁 판매로 돈을 벌기는 어렵단다.

STAGE 1

인터넷 쇼핑몰을 통한 판매

개인도 이용할 수 있는 인터넷 판매

이제 인터넷에서 우리 과자를 팔자!

언니, 과자도 팔 수 있는 인터넷 쇼핑몰을 찾았어.

빠르네! 어서 시도해 보자!

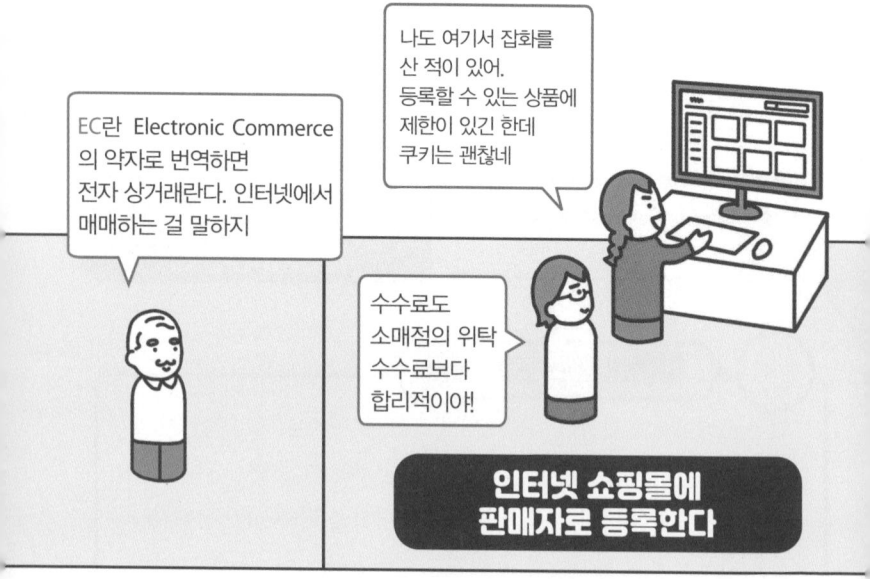

간편하게 자기만의 인터넷 쇼핑몰을 만들 수 있는 서비스도 있나 봐. 수수료 없이 팔 수 있네!

게다가 우리 사이트라면 원재료나 경영 이념도 설명할 수 있고 개성적으로 꾸밀 수도 있어!

NEXT

자사의 인터넷 쇼핑몰을 만든다

주문 들어왔어!

그동안 다음 주문 구워 둬야지

발송하고 올게

어느 정도 주문이 들어오면 많이 만든다

응~

주문이 들어오면 제조한다

할아버지의 용어 설명

인터넷 쇼핑몰은 자본이나 인원이 적은, 지호와 도희 같은 개인에게는 장점이 많은 판매 방법이지. 우선은 기존의 쇼핑몰에서 매출을 올리고 그 돈으로 자사의 인터넷 쇼핑몰을 만들어 고객에게 직접 판매하자꾸나.

STAGE 1

린 스타트업

개선 사이클을 빠르게 돌리자

와, 일이 잘 풀려서 무서울 정도야~ 이대로면 업계 최고가 되는 것도 쉽지 않을까?

언니, 고객이 상품 종류가 적다는 후기를 썼어.

엇, 그럼 늘려야지!

상품의 개선에는 제조 · 측정 · 학습이라는 사이클이 있는데 이걸 재빨리 돌리는 것을 린 스타트업이라고 한단다

아보카도, 커피, 두유, 콩비지 중에 어떤 게 좋을까?

제조

언니도 좀 도와줘

요청이나 불만을 수용해 시제품을 만든다

할아버지의 용어 설명

이제 막 시작한 사업에서는 개선에 시간이 걸리면 고객도 떠나 버린단다. 가능한 한 빨리 밑천을 많이 들이지 않고 개선한 것을 고객에게 제공하고, 그 반응을 통해 새로운 개선점으로 이어나가야 해. 이게 린 스타트업의 중요한 포인트지.

STAGE 1

이노베이터 이론

상품이 유행을 타기까지

주문이 늘어서 많이 바빠졌어~
잠시 주문 그만 받을까?

지호야, 여기서 게으름 피우면 너무 아깝잖니.
이제 겨우 이노베이터 이론에서 말하는 이노베이터를 잡은 참인데!

새로운 것에 민감한 사람부터 둔감한 사람까지 고객을 다섯 가지 유형으로 분류한 이론이지

후기 다수 사용자(Late Majority)
다른 사람들이 쓰기 때문에 쓰는 사람

지각 수용자
(Laggards)
새로운 것을 싫어하는 사람

선각 수용자(Early Adopters)
유행에 민감하지만 정보를 수집해서 판단하는 사람

주세요~

맛있을까?

이노베이터
(Innovator, 혁신 수용자)
새로운 것에 달려드는 사람

전기 다수 사용자
(Early Majority)
산 사람을 보고 따르는 사람

고객의 타입을 확인한다

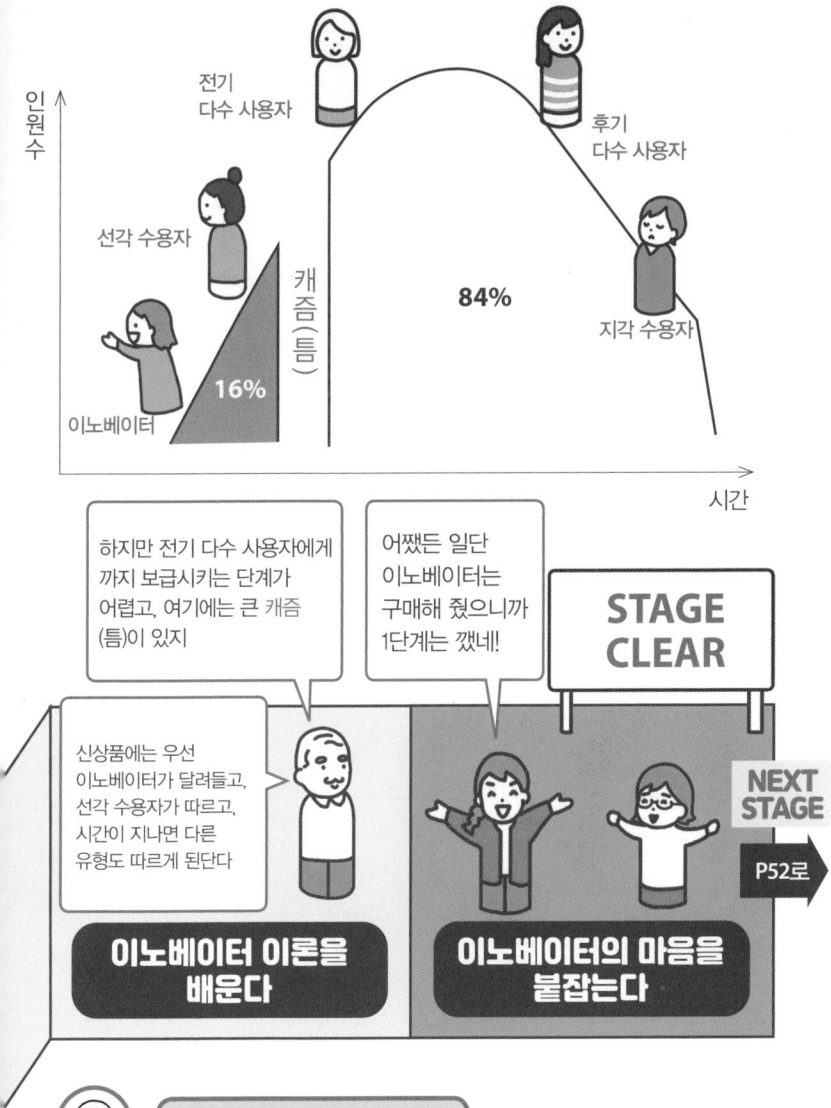

할아버지의 용어 설명

상품이 팔렸다고 해도 아직은 이노베이터가 사주는 것일뿐이야. 선각 수용자에게 전달하고 캐즘(Chasm)을 넘어서기 위해서는 조금 더 본격적인 마케팅과 홍보가 필요하단다. 다음 스테이지에서는 그걸 배우고 실천해 보자.

STORY 1

학교 이외의 시간은 전부 쏟아부은 덕분에 지호와 도희의 과자는 순조롭게 잘 팔렸다.

주문도 끊이지 않고 사 준 사람들 평판도 좋고,
이대로 가면 금방 대기업이 되는 거 아냐?

그렇게 만만한 일이 아니야. 금방 신나서 떠드는 게 지호의 나쁜 버릇이지.

그렇네.
비슷한 쿠키를 대기업이 낼지도 모르고…….

헉, 그러면 큰일이잖아!
할아버지, 어떡해요!

허허, 일단 경쟁사와 더욱 차별을 둬서 더 많은 고객을 확보하기 위해 마케팅과 홍보에 힘 쓰자.

이렇게 둘은 더욱 많은 고객을 확보하기 위해 본격적인 마케팅에 임하기 시작했다.

STAGE2

작은 한 걸음

지호와 도희는 할아버지의 가게에서 마케팅에 관해 의논하고 있다.

마케팅을 따로 더 하지 않아도 고객에 대한 연구는 항상 하고 있다고 생각했는데.

용돈벌이용 사업이라면 몰라도 정말로 사업을 키우고 싶다면 더 잘 생각해야지.

그렇네! TV나 잡지에 광고 많이 내서 고객을 확보하자!

바로 거기까지는 불가능하겠지만, 그런 홍보도 포함해서 가르쳐 줄 거야.

STAGE 2

마케팅 전략

마케팅의 흐름을 살펴 보자

마케팅 진행 방법은 5단계란다.
리서치, 타깃 특정, 마케팅 믹스, 목표 설정 및 실시,
모니터링 관리까지 이렇게 다섯 가지지.

왠지 어려울 것 같아요…….

그렇게 어렵지는 않아.
이미 너희가 하고 있는 것도 포함되거든.

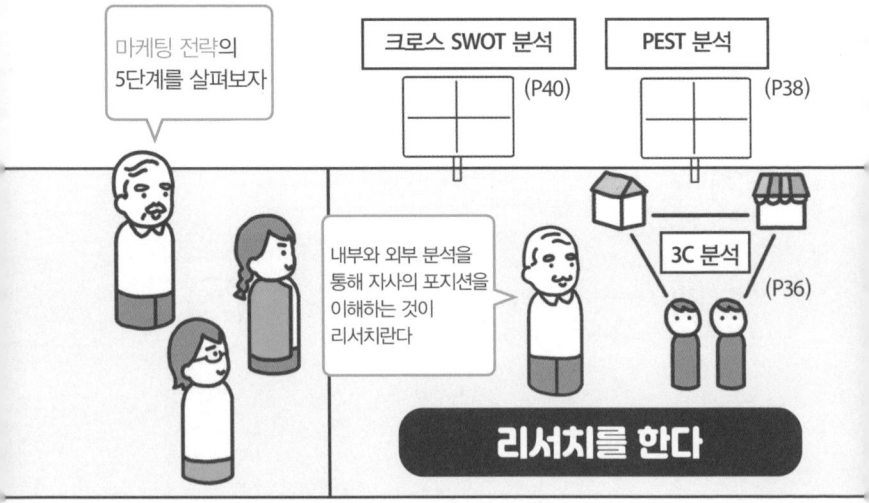

지금까지 40개 팔았네.
패키지 디자인을 바꿔볼까?

2주 지났는데
어때?

매출이 목표에
도달하지 않았다면
네 개의 P나
전략 자체를
다시 생각해서
수정해야 해. 이게
모니터링 관리란다

NEXT

모니터링 관리를 한다

이번달에는
이 상품을 1만 개
팔까?

그걸 어떻게 다 만들어.
이번달 목표는
100개야

목표를 설정해서 실시한다

원재료에 대한
의식이 높은
20~40대 여성!

타깃과 전략에 맞춰
상품이나 가격 등
네 개의 P에 대해
생각해야 해

Product
Price
Place
Promotion

타깃을 특정한다

마케팅 믹스를 생각한다

할아버지의 용어 설명

마케팅 전략은 '누구에게, 무엇을, 어디서, 얼마에, 어떻게 팔지'를 분명히 하는 것이 중요하지. 그걸 확실히 하기 위해 리서치, 타깃 특정, 마케팅 믹스, 목표 설정 및 실시, 모니터링 관리까지 다섯 단계가 있는 거란다.

STAGE 2

타깃 특정(STP)

고객층을 좁히자

자, 그럼 처음부터 가 볼까. 리서치는 끝났다고 치고 다음은 타깃 특정이란다.

이것도 마케팅 전략처럼 순서가 있어요?

맞아. 타깃 특정은 세 단계란다. 시장 세분화(Segmentation), 타깃 설정(Targeting), 제품의 위치 잡기(Positioning)지.

이 세 단계는 세 개의 영어 단어 앞글자를 따서 STP라고 불린단다

다양한 방법으로 고객을 분류하는구나

시장 세분화를 한다

제품의 위치 지도

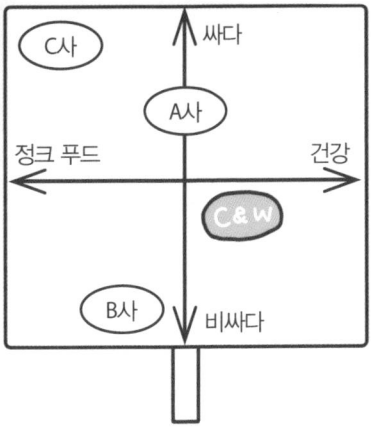

NEXT

제품의 위치를 잡고 차별화를 명확히 한다

타깃을 설정한다

할아버지의 용어 설명

시장 세분화는 자사에 의미 있는 분류 방법을 생각하는 것, 타깃 설정은 해당 타깃에 어떤 접근법이 효과적일지 생각하는 것, 제품의 위치 잡기는 고객이 우리 상품을 어떻게 생각하기를 바라는지 생각하는 것이 중요하단다.

STAGE 2

마케팅 믹스

타깃에 맞춘 구체적인 대책

다음은 마케팅 믹스인데, 그게 뭐예요?

타깃과 제품의 위치에 맞춘 구체적인 대책을 말한단다. 무엇을, 얼마에, 어디서, 어떻게 팔지 조합해서 생각하는 거지.

Product(제품), Price(가격), Place(유통), Promotion(프로모션)까지 네 가지 요소의 앞글자를 따서 4P라고 한단다

Product

제품의 품질 및 서비스, 포장 등

Price

가격이나 할인 등

Place

유통, 수송 등

Promotion

판매 촉진, 홍보, 광고 등

4P 내용을 확인한다

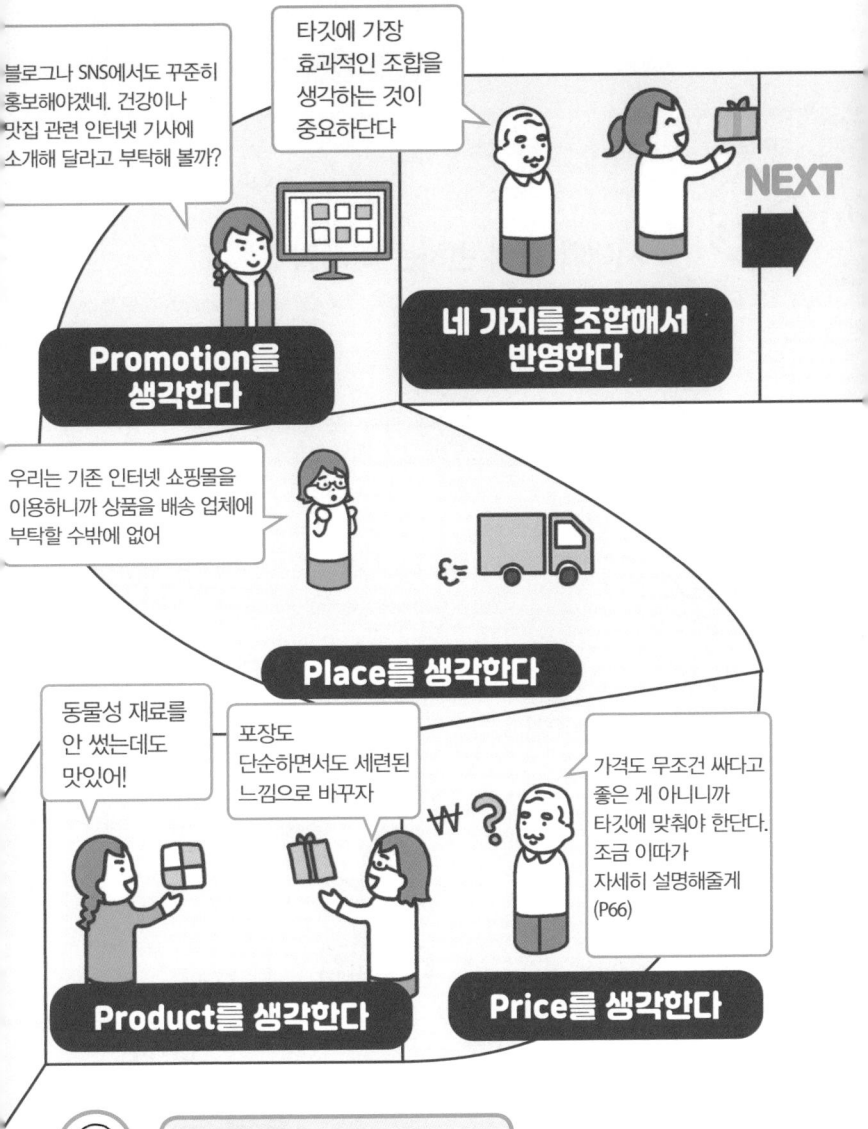

할아버지의 용어 설명

이제 막 시작한 사업이라서 선택지가 적더라도 여러 방면으로 생각하고 조합해 보는 것이 중요하단다. 그리고 마케팅 믹스는 반드시 STP를 한 다음에 해야 해. 타깃에 따라 4P도 달라지니까 말이다.

STAGE 2

마케팅 1.0~4.0

시대와 함께 변하는 마케팅

자, 그럼 현대의 마케팅에 관해 알려 줄까?

네? 역사 이야기 하시려고요? 안 하셔도 돼요~

거참, 그러지 말고. 시대에 따라 필요로 하는 마케팅도 달라지거든.

한 상자에 1,000원! 맛있는 쿠키 드세요!

마케팅도 시대에 따라 바뀌어서 마케팅 1.0에서 4.0까지 4단계가 있지

살래요

싸고 좋은 상품을 대량으로 만들어 대중에게 판다 (마케팅 1.0)

할아버지의 용어 설명

상품이 너무 많으면 내용물이나 성능의 차이를 쉽게 알 수 없단다. (P124 상품화 참고) 고객이 내용물만으로 상품을 선택하지 않게 되면 한층 더 높은 수준의 욕구, 가령 사회와의 관계나 자기 표현 욕구에 응할 필요가 생기는 법이지.

STAGE 2

베네핏과 고객 만족

고객 만족을 얻으려면?

구매해 준 고객 중에 불만이었다는 후기를 남긴 사람도 있어요.

도희야, 사실 고객은 쿠키를 사는 게 아니란다. 쿠키를 통해 베네핏을 사는 거지.

베네핏이요?

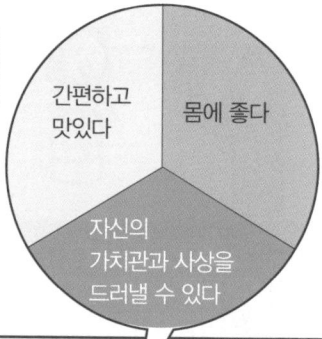

베네핏이란 고객이 상품을 통해 얻는 이익을 말한단다

고객의 베네핏을 이해한다

500원 인상하지만
원재료는 국산만,
배송비 무료!

가격은 그대로
저칼로리 글루텐 프리
쿠키 출시!

주문 후 24시간 이내
발송 이벤트!
지금 사시면
비건 초콜릿 한 개도
사은품으로!

가격=동일
베네핏=높인다

가격=올린다
베네핏=크게 높인다

가격=내린다
베네핏=높인다

모양이 안 예쁘게
나온 쿠키를
반값에!

매번 주문할
필요 없이!
한 달 정기 주문도
받습니다!

가격=크게 내린다
베네핏=낮춘다

가격=내린다
베네핏=동일

베네핏을 올리는
것에도 가격, 맛,
원재료 바꾸기 등
여러 가지가 있네

가격을 내리는 것도
가격 자체가 아니라
손님의 수고나 시간을
절약하는 것도
생각할 수 있어

NEXT

고객의 베네핏이 가격을 상회하는
다섯 가지 유형을 알아본다

할아버지의 용어 설명

상품이 고객에게 어떤 이익을 줄지를 명확히 하는 거란다. 그 이익에서 가격을 빼고도 고객에게 가치가 남으면 만족스럽게 구매하는 거지. 이 만족을 고객 만족(CS=Customer Satisfaction)이라고 한단다.

STAGE 2

기대 불일치 이론

고객 만족이 발생하는 구조

고객만족(CS)에 대해 좀 더 생각해 보자.
'산 과자가 생각보다 훨씬 맛있었어!'
이때 고객 만족은 높다고 할 수 있지.

'생각보다'가 포인트 같네요.

이 쿠키 진짜 맛있어!

실제로 느낀 가치(P)

비건 과자 중에는 맛있는 게 없잖아

사전 예측 가치(E)

대만족!

고객 만족 (CS)

사전 예상과 실제로 고객이 느낀 가치의 편차를 두고 기대 불일치 이론이라고 한단다

P에서 E를 뺀 값이 플러스면 고객은 만족한다는 얘기네!

기대 불일치 이론의 식을 알아본다

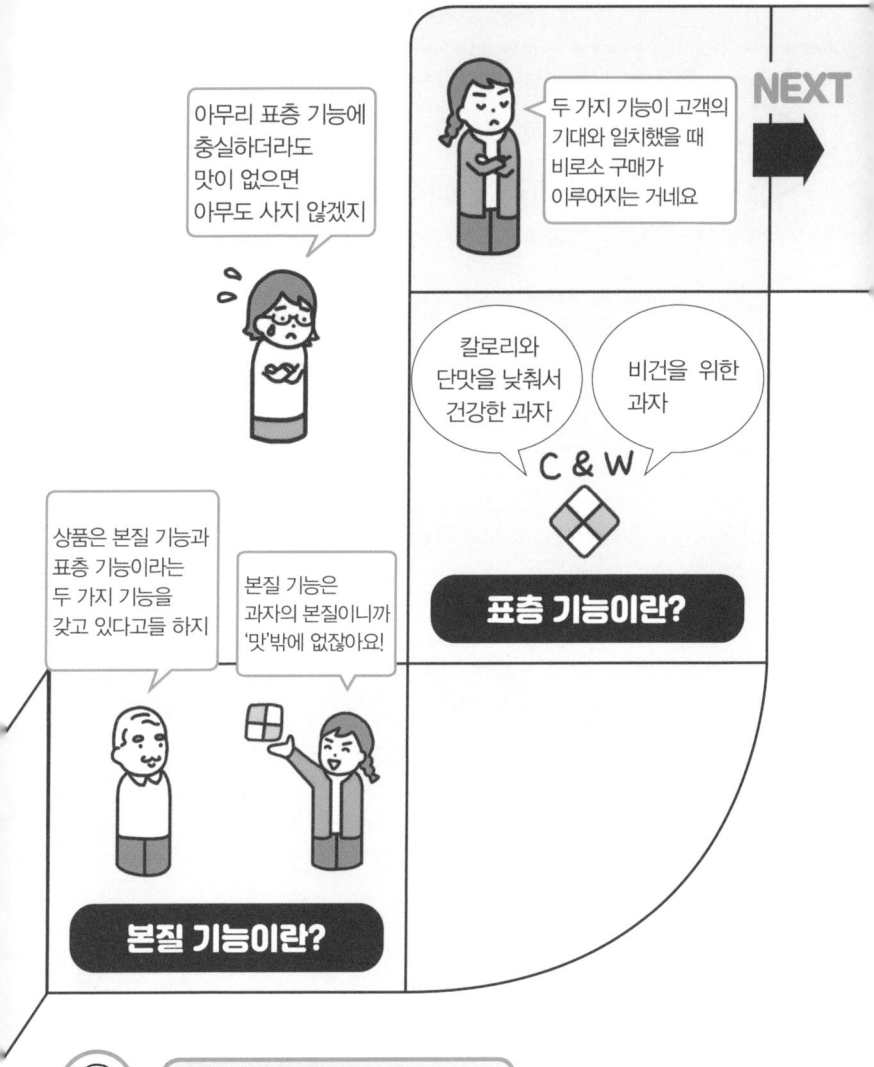

할아버지의 용어 설명

고객 만족을 얻으려고 무작정 상품 가치를 올리거나 표층 기능을 늘리기만 하면 되는 게 아니란다. 상품 가치와 기대 수준을 제대로 파악해서 해당 고객을 대상으로 하는 마케팅과 홍보를 하는 게 중요하지.

STAGE 2

가격 결정

상품의 가격을 생각해 보자

그냥 한 봉지 4,000원에 팔았는데 고객이 상품에 만족하는 데는 여러 요소가 작용하는군요.

맞아. 그 중에서도 가격 결정(pricing)은 사업할 때 꽤 중요한 포인트란다.

열렬한 팬이 있고 주문도 늘고 있으니 수요는 있는데…

좋은 원료를 고집하니까 상품 하나의 이익은 적고…

가격을 결정하려면 상품의 가격, 수요, 소요된 비용 등을 생각해야 한단다

가격을 결정하는 요소를 확인한다

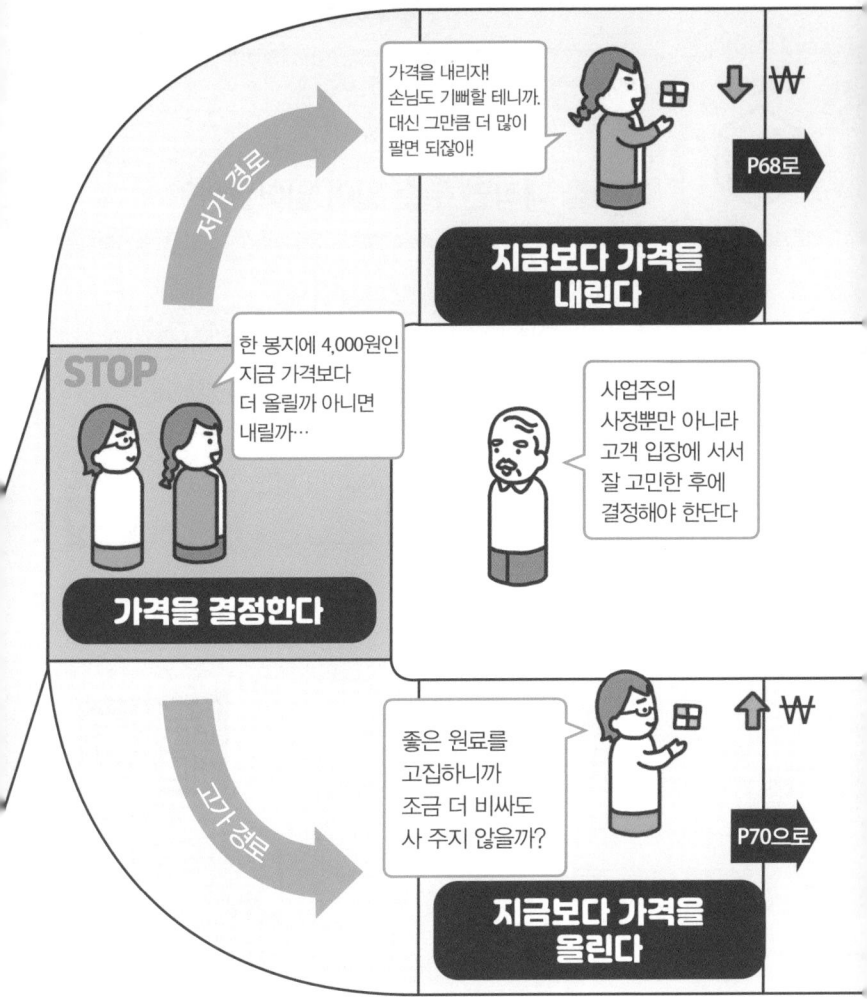

할아버지의 용어 설명

가격을 어느 정도로 할지는 중요한 문제란다. 수요나 상품 비용 외에도 고객이 이 상품을 살 때의 심리, 지역 같은 것도 관련이 있으니까. 그나저나 너희들의 쿠키는 어느 쪽이 좋을지…….

STAGE 2

가격 내리기

가격을 내리면 무슨 일이 일어날까?

도희야, 한 봉지에 2,000원으로 내렸으니까 주문 많이 들어올 거야!

갑자기 반값이라니 남는 게 거의 없잖아…….

가격을 내리는 것은 당연히 고객 증가로 이어지지. 하지만…

주문이 평소보다 다섯 배나 많이 들어왔어!

일단 발송 지연 연락 할 테니 얼른 만들어!

으아, 만들어도 만들어도 끝이 없어…

주문이 대량으로 들어온다

₩1,800

이제 글렀어…

GAME OVER

(P67로 돌아가기)

규모가 큰 경쟁사가 가격 경쟁에 뛰어든다

고객 불만이 커지면서 주문이 급감

배송이 늦다,
생각보다 맛이 없다,
종류가 적다…

찬반 양론의 후기가 달린다

가격을 내리면 타깃층 이외의 고객도 사겠지. 그건 좋은 일일 때도 있지만, 너희의 상품에 있어서는 실수였구나

50대 이상 | 남성 | 원료에 신경 안 씀

타깃이 아닌 고객도 구매한다

할아버지의 용어 설명

물론 가격을 내리는 것이 다 나쁘다는 뜻은 아니란다. 하지만 대량 주문이 들어오거나, 타깃층 이외의 고객이 구매함으로써 분쟁이 생기거나, 경쟁사가 가격 경쟁에 뛰어들 수도 있기에 가격 인하는 대기업만 취할 수 있는 전략이지.

STAGE 2

가격 올리기

가격을 올리면 무슨 일이 일어날까?

언니, 한 봉지에 5,000원으로 하자.

흠, 가격 올리면 안 팔릴 것 같지 않아?

응. 그러니까 우리의 이념과 고집을 더욱 잘 설명하고, 앞으로 원료에 더욱 신경 써서 선물용 상품을 만들자. 또 가격이 좀 나가는 신상품도 생각해 보고.

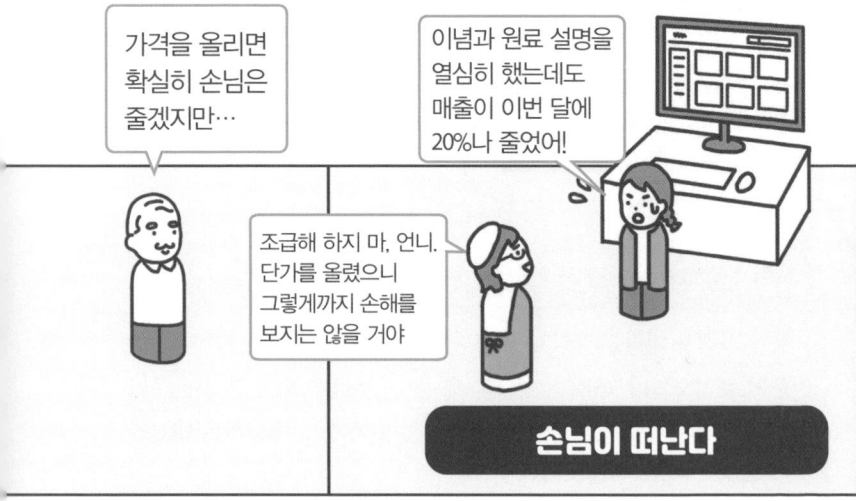

가격을 올림으로써
고객층을 좁힐 수 있지.
상품의 가치를 확실히 인식하고
타깃에 어필할 수 있었던 점이
성공의 원인 아닐까?

전보다 손님도
많아졌어!

NEXT

**매출도 이익도
크게 오른다**

일반용도 있네,
사 보자

**새로운 고객이
늘어난다**

지금 사 주시는 고객들은
우리의 진정한 팬이야.
이분들에게 선물용
신상품을 추천해 보자!

식물성 재료로만
만들었는데도
맛있더라고

어머, 알레르기에도
신경 썼다니 좋네

**계속 구매하는 층에
가격이 비싼 신상품을
제안한다**

할아버지의 용어 설명

가격을 내릴 때와 마찬가지로 올리는 게 무조건 좋은 건 아니란다. 하지만 상품의 가격이 비싸기에 가치가 있다고 여기는 면도 있지. 그 가치에 신뢰성을 주는 근거를 증명해 나갈 필요가 있단다.

STAGE 2

고객 충성도 마케팅

단골손님을 만드는 방법

가격을 올려봐서 알았겠지만
너희 두 사람의 과자에는 이미 열렬한 팬이 있단다.

맞아요.
비싸도 사 준 고객님의 의견에는 상품에 대한 신뢰와 이념에 대한 공감이 있었어요.

음, 그 고객들과의 유대를 한층 더 견고하게 만들어 단골손님이 되도록 하는 고객 충성도 마케팅을 시작하자꾸나.

고객 충성도란
상품이나 기업에 대한
고객의 애착을 말하지.
이것을 올리면
뭐가 좋아질까?

재구매율 향상

맛있었으니까
다음 주에도
주문할까

객단가 증가

어머, 새
상품이 나왔네.
이것도
주문해야지

입소문을 통한 확산

친구에게도
알려 줘야겠다

고객 충성도를 높이는 것의 장점을 알아본다

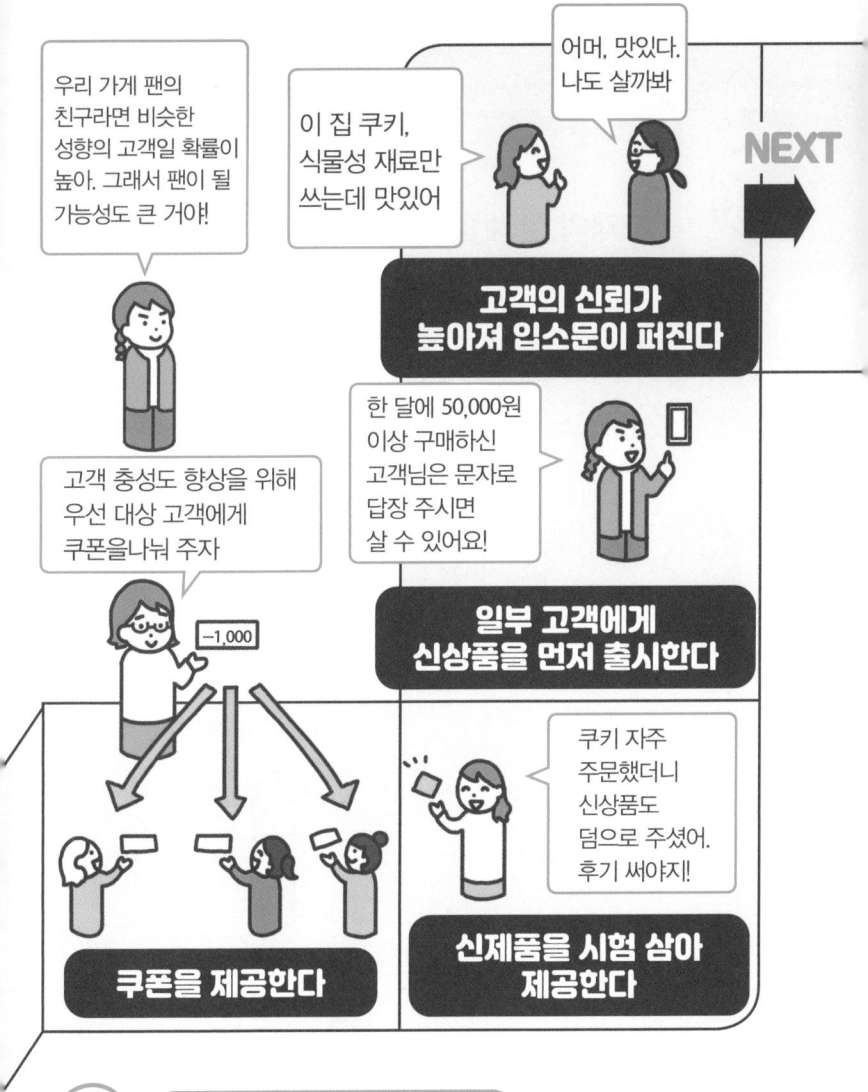

할아버지의 용어 설명

이외에도 단골손님이 되면 광고를 하지 않아도 구매해 준다는 장점이 있단다. 그리고 할인이나 쿠폰 같은 즉각적인 것뿐만 아니라 디자인이나 기업의 이념, 자세 등으로 더욱 사로잡는 방법도 있지.

STAGE 2

라이프 스타일 마케팅

고객의 삶의 방식에 주목하자

고객을 분류하는 방법으로
생활방식이나 취미에 주목하는 것도 있단다.

상품에 주목해서 비건 과자를 떠올렸는데,
고객층에 먼저 접근하는 방법도 있군요.

여성의 사회 진출로 밤에
빨래하고 싶은 사람이 늘어나면…

야간 세탁용 세제와
저소음 세탁기가 있으면
밤에도 빨래할 수 있어

개인의 삶의 방식에
주목해서 마케팅하는
방법을 라이프 스타일
마케팅이라고 하지

라이프 스타일이
다양해진 현대 사회에는
각각에 맞춘 마케팅이
필요하구나

**라이프 스타일
마케팅이란?**

AIO 분석

Activities, Interest, Opinions의 앞글자를 딴 것으로 활동, 관심, 의견의 세 가지 측면으로 고객을 분류한다.

Activities(활동)

직업, 취미, 레저 등

좁히면

커리어 우먼, 자녀가 있는 여성, 식품 웹 서핑을 즐기는 사람 등

Interest(관심)

가족, 패션, 식사 등

좁히면

가족, 자녀의 식사나 건강, 비싸도 좋은 것 등

Opinions(의견)

사회적 문제, 정치, 경제 등

좁히면

환경 문제, 동물 애호, 식품업계 등에 대한 관심

할아버지의 용어 설명

지호와 도희는 차별화를 생각하다 보니 비건 과자로 결정했지만, 고객의 라이프 스타일에 주목하는 것도 잊지 말아야 한단다. 어떤 라이프 스타일을 가진 사람들이 우리 상품을 좋아하고 구매하는지 파악해야 해.

STAGE 2

대상별 마케팅

누구를 대상으로 마케팅 할 것인가?

고객 충성도를 높이기 위해 할인 쿠폰을 나눠 줄까?

언니, 이왕이면 비싼 가격에 사준 것에 대한 감사도 표할 겸 한 건 한 건 그 사람에게 맞는 할인을 해 주는 건 어떨까?

다수인가,
한 사람 한 사람인가.
대상 규모가 다른
마케팅을 가리킨단다.
각각 매스 마케팅,
원투원 마케팅이라고
불리지

매스 마케팅

고객 전원을 대상으로 삼는다

원투원 마케팅

고객 한 사람 한 사람을 대상으로 삼는다

매스 마케팅과 원투원 마케팅의 차이를 알아본다

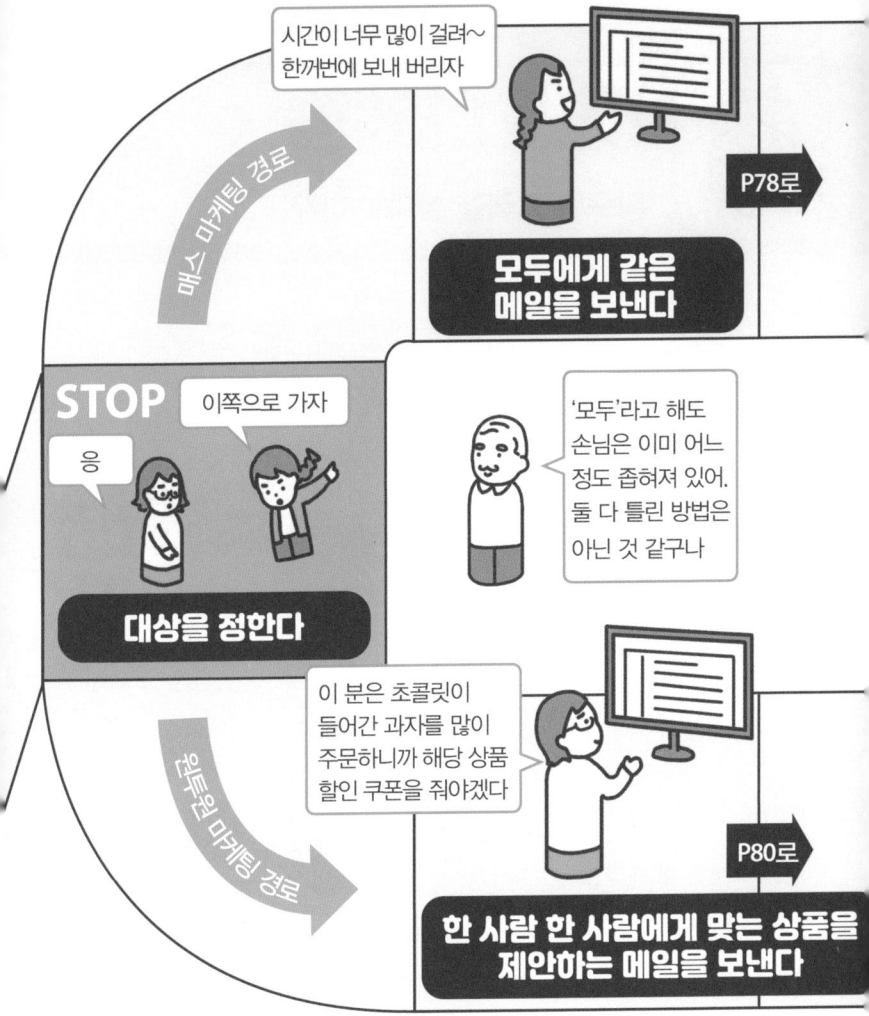

할아버지의 용어 설명

매스 마케팅은 고객 모두에게 홍보하는 방법이란다. 원투원 마케팅은 수고와 시간은 더 걸리지만 고객 개인에게 맞춰 홍보하는 방법이지. 너희들의 상품은 과연 어느 쪽이 맞을까?

STAGE 2

매스 마케팅

다수의 고객을 상대로 하자

고객님들 반응이 좋았어!

그렇구나~ 언니가 맞았네!
그만큼 신제품도 개발할 수 있었고!

할아버지의 용어 설명

TV나 잡지, 신문 등 매스 미디어에서 소개되는 건 매우 많은 고객을 불러들일 기회이기도 하지. 그렇지만 가격을 내릴 때(P68)와 비슷한 문제점이 발생하게 돼. 그러니 사업 규모에 맞는 마케팅이 필요하단다.

STAGE 2

원투원 마케팅

고객 한 사람 한 사람에게 맞추자

어떤 고객이 어떤 제품을 샀는지 정리하는 건 보통 일이 아니네~

힘내! 내가 손님이라면 개별 대응해 주는 게 정말 기쁠 거야!

너희 사업은 고객이 그리 많지 않으니 기존 인력으로도 가능했지만, 그래도 엄청난 시간과 수고가 든단다. 원래라면 데이터 관리 시스템을 이용해야 해

술이 들어간 쿠키를 좋아하시죠? 신제품인 럼 건포도 쿠키는 어떠세요?

좋다~ 살까?

그 데이터를 이용해서 고객의 취향에 맞춰 제안한다

C & W

힘들긴 해도 하길 잘했지?

응. 근데 다음에는 외주로 맡길 수 있는 서비스를 찾아보자

NEXT

고객과 유대가 강해져서 매출이 상승한다

요새 C&W 너무 좋은 것 같아. 가려운 곳을 긁어 준다고나 할까?

고객 만족도(CS)가 올라간다

다음 달이 생일인 사람이 좋아하는 제품을 30% 할인해 주는 쿠폰을 보내자

6 월

-1,000

생일인 고객에게 쿠폰을 증정한다

할아버지의 용어 설명

원투원 마케팅은 실제로 한 사람 한 사람 대응하는 것이 아니라 고객이 '나에게 맞는 대응을 해 주고 있구나'하고 느끼는 게 중요하단다. 고객 데이터를 이용한 자동 추천 시스템 같은 게 좋은 예지.

STAGE 2

콘텐츠 마케팅

상품 이외의 부분에서 팬을 만들자

도희야, 동영상으로 홍보하는 건 어때?
유튜버가 되는 거야, 유튜버!

언니는 유행에 금방 휘둘려…….

아니, 할아버지도 동영상 찬성이다!
제품 구매 고객 외에도 팬을 늘리자꾸나!

쿠키
만들 거예요!

동영상, 블로그 등

사업이나 기업을
어필하는 콘텐츠를
통해 팬을 얻는 것을
콘텐츠 마케팅이라고
하지!

그러게. 만드는 장면을
보여주는 것도
재미있겠다

재밌다!

콘텐츠 마케팅이란?

할아버지의 용어 설명

콘텐츠 마케팅은 내용은 물론이고 동영상이나 블로그 등 공개하는 방법도 자신들의 사업과 타깃에 맞는지 잘 생각하는 것이 중요하단다. 그게 안 맞으면 오히려 역효과가 나거든.

STAGE 2

SEO

검색 결과 상위에 노출되려면?

드디어 C&W 사이트가 생겼어! 이제 다른 홈페이지를 통하지 않고도 직접 구매할 수 있어!

그뿐 아니라 동영상 콘텐츠나 블로그를 통해 우리의 고집도 전달되고, 세계관도 표현할 수 있어!

하지만 그것도 검색으로 나오지 않으면 의미가 없단다. 그러기 위한 SEO대책이 필요하지.

SEO란 Search Engine Optimization (검색 엔진 최적화)의 약자로, SEO 대책이란 간단히 말하면 검색 결과에서 상위에 나오게 하려는 노력이지

이런 단어로 검색하는 고객은 상품이나 회사에 관심이 있는 사람이란다. 그러니 구매 가능성도 높지

비건

C&W

쿠키

검색 상위에 노출되는 것의 장점을 알아본다

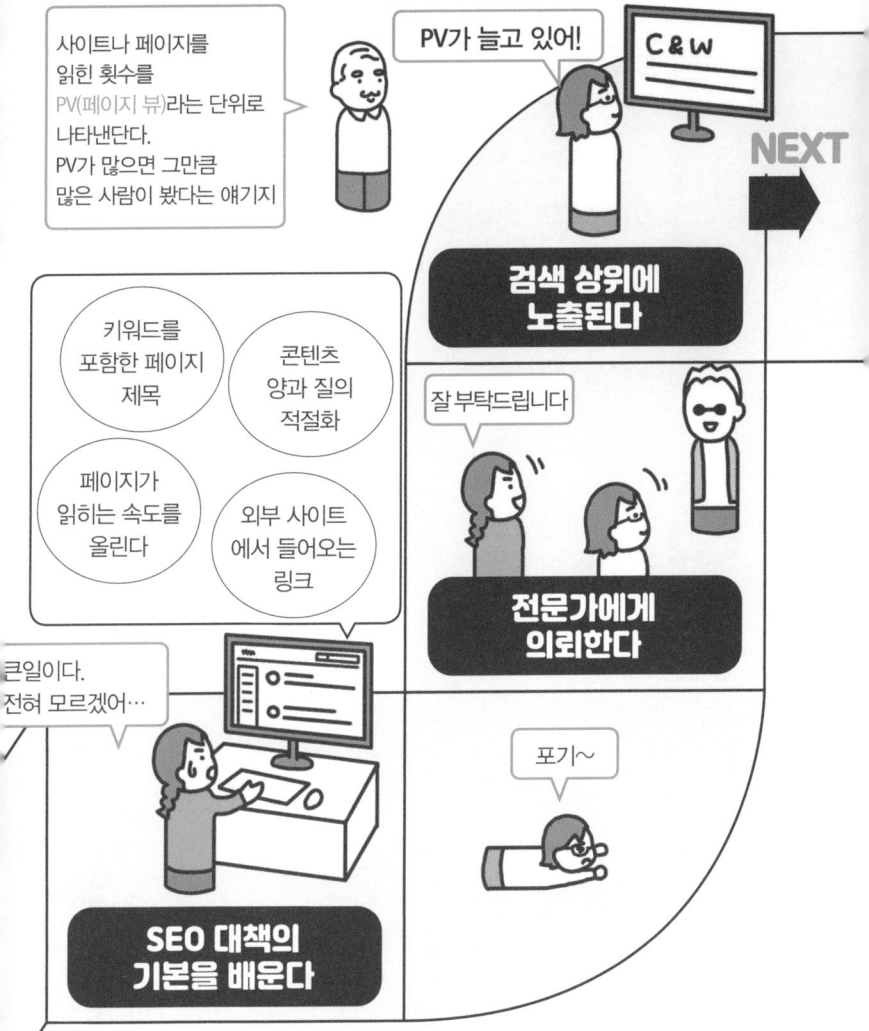

할아버지의 용어 설명

주의해야 할 점은 SEO대책을 세우고 상위에 노출되더라도 사이트의 PV 수가 올랐을 뿐이라는 거지. 사이트에 방문한 사람이 해 줬으면 하는 최종 목표를 컨버전이라고 하는데 그 컨버전 비율을 올리는 게 중요하단다.

STAGE 2

트리플 미디어

미디어의 차이를 이해하자

매스 마케팅도 공부해 둘까?

네, 신문이나 TV, 대중 마케팅 말이죠?

맞아. 앞으로 사업이 커지면 그런 큰 미디어의 힘도 빌려야 하니까.

그러려면 미디어의 역할과 세 종류의 미디어, 트리플 미디어를 이해해야 한단다

C&W 비건 쿠키입니다~

뭐야, 뭐야

미디어

우리를 세상에 알려 주는 것

미디어의 역할은 확산이다

온드 미디어
(Owned Media)

기업에서 직접 제어할 수 있는
자사 사이트나 블로그,
제품 패키지 등

트리플 미디어

언드 미디어
(Earned Media)

각종 SNS나 후기 사이트 등.
유저나 소비자를 중심으로 하는 미디어이므로
기업 측에서는 제어할 수 없다

페이드 미디어
(Paid Media)

돈을 내고 소개받는 TV나 잡지 등.
많은 사람에게 가닿는다

할아버지의 용어 설명

이 세 미디어를 연계한 홍보는 이제 당연한 전략이 되었지. 하지만 사업 규모에 맞게 진행하지 않으면 또 제조 체제에 한계가 오니까 균형을 생각하면서 진행해야 한단다.

STAGE 2

다양한 광고

인터넷을 통해 홍보하려면?

너희가 항상 사용하는 스마트폰에도 다양한 광고가 사용되고 있단다. 참고해 보면 어떨까?

엇, 그래요? 가르쳐 주세요, 할아버지!

동영상이나
소셜 미디어 광고는
사용자가 평소에 보는
데이터를 모아서
그것에 맞춘
광고가 표시되지

어떤 게
좋을까?

NEXT

자신들에게 맞는 광고를 생각한다

SNS 게시물 사이에
나오는 광고들
말이구나

PR

소셜 미디어 광고란?

과자 사이트에 나오는
과자 회사 광고처럼
그 사이트와 관련해서
나오는 광고구나

과자 소개

디스플레이 네트워크 광고란?

유튜브에서
동영상 볼 때
나오는 거네

동영상 광고란?

할아버지의 용어 설명

이 외에도 업체가 광고주와 미디어 사이를 중개하는 애드 네트워크 광고, 기사 속에서 자연스럽게 홍보하는 네이티브 광고 등이 있지. 비용과 효과, 시장 규모나 브랜드 이미지 등을 의논해서 결정해야 한단다.

STAGE 2

SNS 마케팅

의도적으로 입소문을 퍼트리자

우리는 홈페이지에서만 살 수 있고,
SEO 대책도 세웠고, 인터넷 광고도 냈으니
SNS도 더 잘 활용하고 싶은데…….

그렇다면 인터넷상에서 영향력 있는 계정으로
확산되는 SNS 마케팅이 괜찮을지도 모르겠구나.

인플루언서, 앰배서더,
옹호자 이렇게
세 종류를 살펴보자

인터넷상에서
영향력이 큰 사람이야!
연예인도 그렇지만
일반인이어도 영향력이 큰
사람은 많아!

인플루언서란?

금전이 아니라
상품을 보내서
'좋으면 후기 남겨 주세요!'
하는 방법이지.
제품 제공이라는
방법이야

소개해 줘서
또 매출 상승~

NEXT

더 많은 사람들에게 가담는다

비건 분야에서 팔로워가
많은 인플루언서에게
우리 제품을 보내 볼까?

누구에게 부탁할지 생각한다

기업에서
돈을 받고
상품을 홍보하는
사람이구나

좋았다고
글 남길게요

잘 부탁
드립니다

앰배서더란?

영향력은 작지만
우리 상품의
열성팬을 말해

옹호자란?

할아버지의 용어 설명

그 밖에도 SNS 글 자체를 화제로 만들어 제품을 홍보하는 버즈 마케팅, 제품이나 공통 관심사의 커뮤니티를 만들어 그곳에서 화제가 되게 하는 커뮤니티 마케팅 등이 있지.

STAGE 2

DAGMAR 이론

고객의 인지 수준

우와~ 주문이 너무 많아서 만드는 속도가 따라잡질 못하고 있어요! 고객 모두 우리의 이념에 공감해 주는 분들 뿐이고, 마케팅도 홍보도 대성공이네요!

너희 둘 모두에게 할아버지가 충고 하나 하마.
매출만 오른다고 좋은 게 아니란다.
DAGMAR 이론을 기억해 두었으면 한다.

DAGMAR 이론이란 매출로 이어지기까지 고객의 인지 수준을 5단계로 나누고, 이를 하나씩 해결하는 것이 매출로 이어진다는 이론이란다

인지

무지

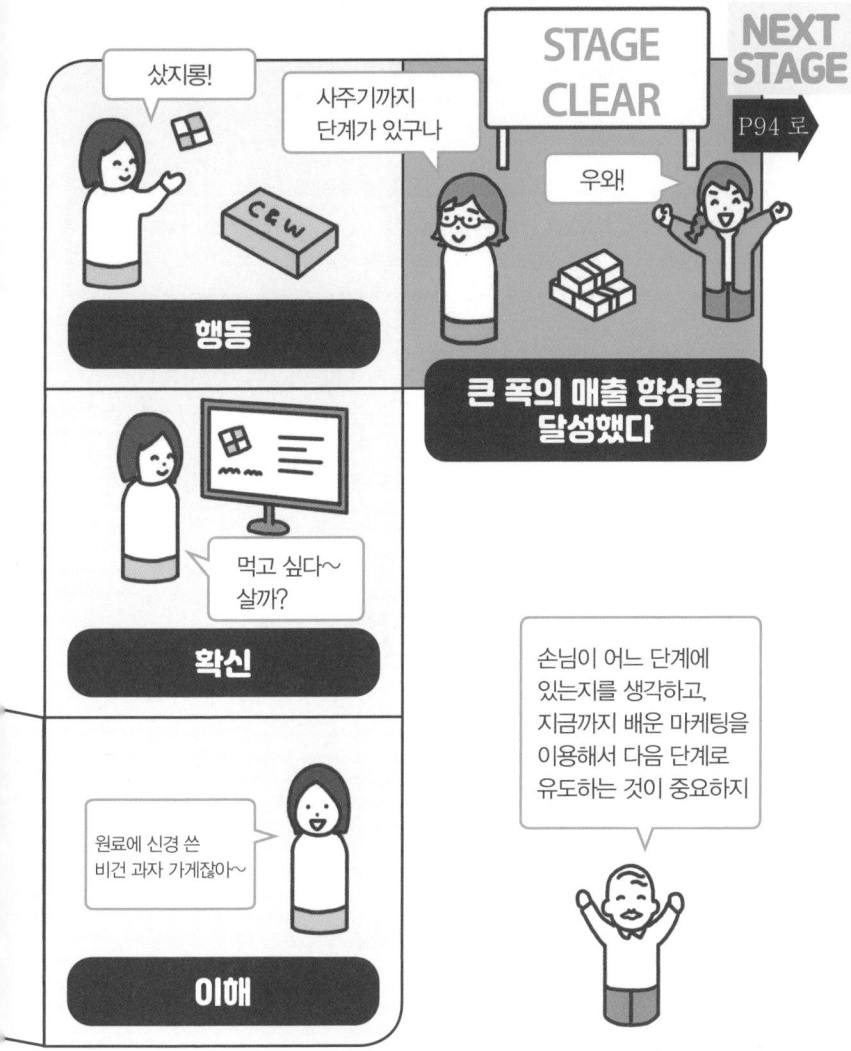

할아버지의 용어 해설

매출을 올리는 것은 물론 중요한 목표지. 그것으로 연결하려면 '모르는 사람에게 알렸느냐, 상품을 이해 받았느냐, 사고 싶은 마음이 들게 했느냐, 진짜로 샀느냐'는 각 단계의 목표가 있단다.

STORY 2

마케팅과 홍보로 매출은 늘었지만 지호와 도희는 조금 지친 것 같다.

사업하랴, 학교 다니랴, 나도 언니도 지쳤어요.

외부의 힘도 빌리고 있지만
확실히 둘이서는 한계일지도 모르겠네.

하지만 모처럼 궤도에 올라왔는데
여기서 가게를 쉬는 건 싫어요!

일단 너희들은 손님과의 소통과 제조에만 전념하고
나머지는 외부 인력이나 아르바이트에 맡기자.

네, 그러면 많이 편해질 거예요!

다음 단계는 사람을 고용해 외부와 제휴해서
한층 더 사업을 키워 갈 거야.

이렇게 할아버지의 지원 아래 지호와 도희가 대학을 졸업할 때까지 C&W는 인기를 유지했다.

STAGE3

갈림길

대학을 졸업한 지호와 도희는 가벼운 마음으로 C&W 사업에 전념할 수 있게 되었다.

도희야, 졸업 축하해! 나는 먼저 졸업했지만. 드디어 우리 둘의 C&W가 시작되는구나!

도희야, 축하한다. 지호한테는 이미 얘기했는데 C&W를 법인화하려고 해.

법인화라면, 드디어 회사로 만든다는 얘기예요?

STAGE 3

법인화

회사로 만드는 것의 장점

할아버지, 회사로 만들면 어떤 점이 좋아요?

너희는 지금 개인 사업자라 가족이 운영하는 라멘집이랑 같은 거지. 그걸 회사로 만들면, 즉 법인화하면 여러모로 좋은 점이 있단다.

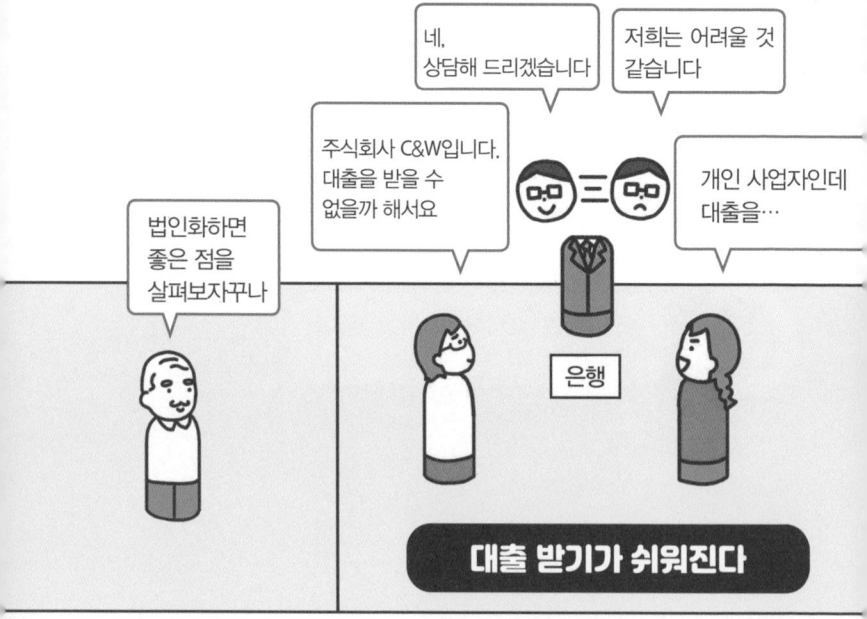

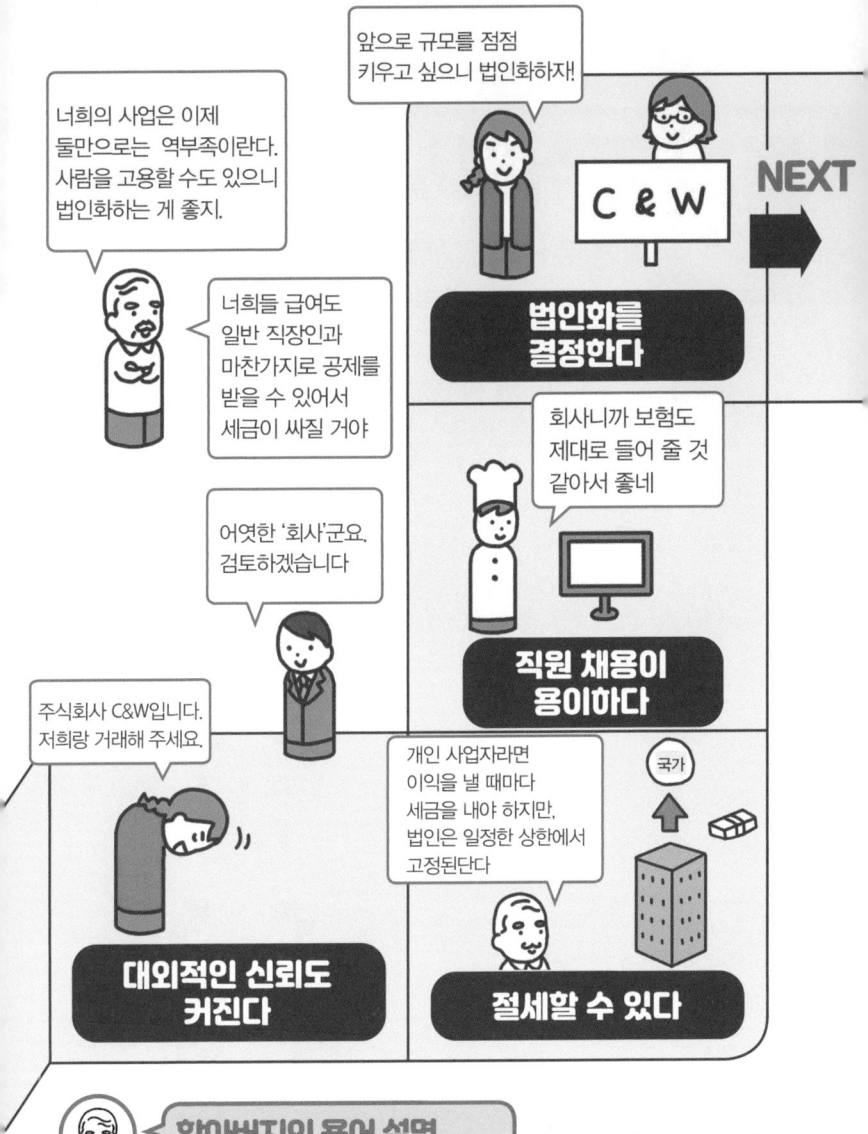

할아버지의 용어 설명

물론 규모에 따라서는 안 하는 편이 좋을 수도 있지. 결산에 관한 사무가 늘고, 급여는 미리 정해야 하니 적자라도 세금을 내야 하고, 등록에 어느 정도 돈이 드는 등의 단점이 있어. 매출과 체제를 고려해서 결정해야 한단다.

STAGE 3

주식회사와 합자 회사

어떤 유형의 회사로 할 것인가?

할아버지, 법인화하면 무조건 주식회사가 되는 건가요? 다른 회사도 있지 않나요?

허허, 역시 도희구나. 주식회사가 아니라면 유한 회사나 합자 회사라고 불리는 걸 설립할 수 있단다. 여기서는 합자 회사를 살펴보자꾸나.

합자 회사

사원이 출자해서 설립
출자한 금액의
비율에 따라 사내 지
결정되는 편

합자 회사란 출자자와 사원이 동일한 회사를 말한단다.
합자 회사의 사원은 유한 책임 사원과 무한 책임 사원으로 나뉘지

주식회사와 합자 회사는 어떻게 다른지 살펴보자꾸나

유한 책임 사원

회사가 부채를 졌을 때
출자한 만큼만
책임지면 된다

무한 책임 사원

회사가 부채를 졌을 때
출자한 금액 이상의
책임을 진다

합자 회사란?

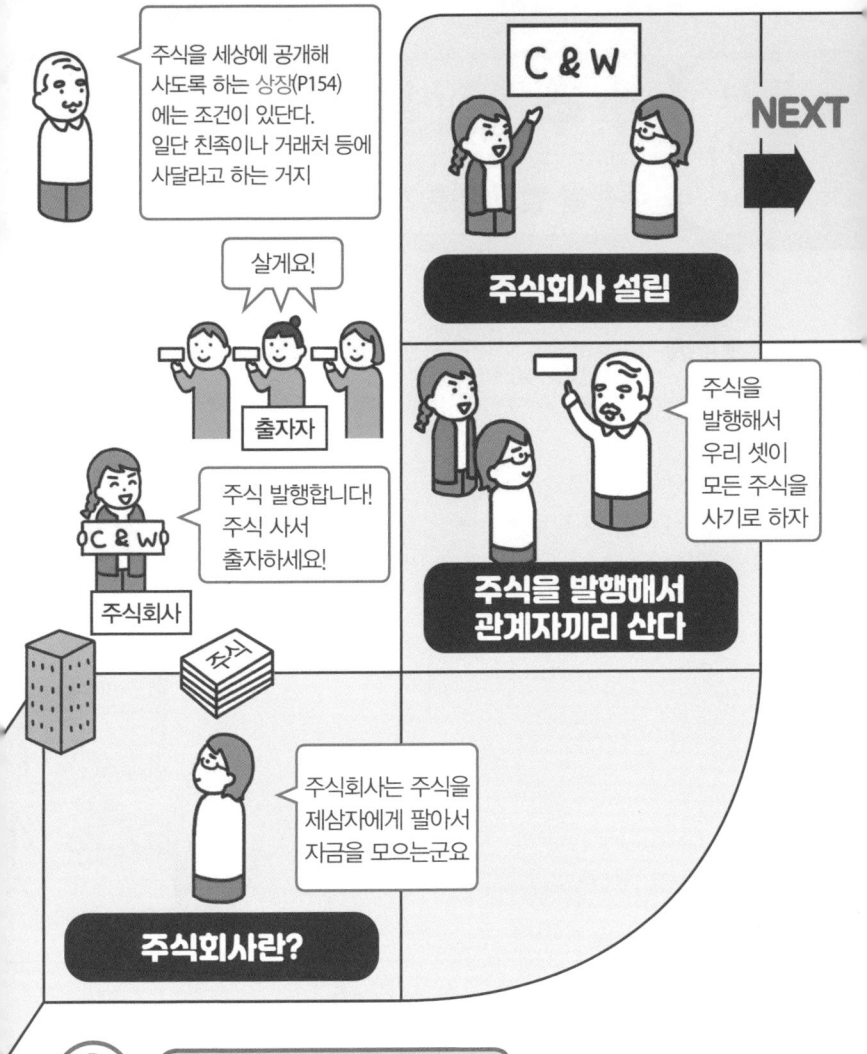

할아버지의 용어 설명

합자 회사는 제삼자로부터의 출자를 받지 않으므로 경영에 참견을 당하지 않는 장점이 있단다. 한편 주식회사는 제삼자로부터 출자 받는 대신 정기적으로 주주 총회를 열어 결산 보고 등을 통해 회사의 경영 방침을 설명할 의무가 있지.

STAGE 3

수주 생산과 예측 생산

주문을 받고 만들기와 미리 만들어 놓기

그럼 회시 등록도 끝났으니
어서 시작하자~

지호야, 너무 서두르지 마렴.
일단 체제를 바꿔 보면 어떨까 생각하고 있단다.
수주 생산에서 예측 생산으로 바꾸는 거지.

주문 생산과
예측 생산의 차이를
잘 이해해 둬야 해

응! 초콜릿 쿠키
한 상자!

수주 생산이란?

할아버지의 용어 설명

사업의 성장을 위해서도 사람을 고용해 대량 주문을 처리할 수 있는 예측 생산으로 전환할 필요가 있단다. 다만 재고 리스크를 피하기 위해 주문이 자주 들어오는 제품은 예측 생산, 그 외에는 주문 생산으로 해서 리스크를 분산시키는 것도 중요해.

STAGE 3

고정비와 변동비

실제 매장을 열어야 할까?

할아버지, 기술자랑 아르바이트생도 늘었으니 우리도 우리 가게가 필요할 것 같아요!

그렇구나. 아쉽게도 우리 주방에서 떠나야겠구나. 다만 그 전에 고정비와 변동비에 대해 알아 두자.

고정비와 변동비를 잘 이해하고 나서 실제 매장을 열지 말지 결정해야 한단다

고정비는 매달 같은 금액이 나가는 돈이구나

고정비와 변동비란?

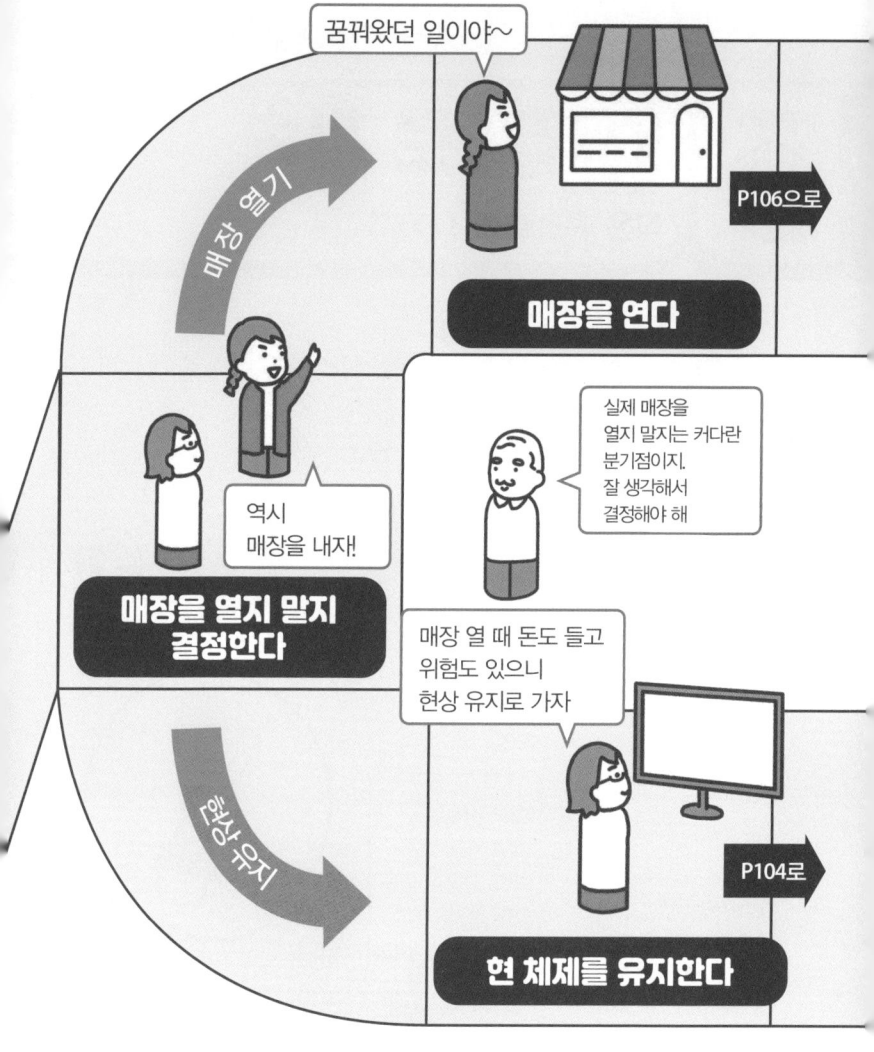

할아버지의 용어 설명

인터넷 쇼핑몰과 실제 매장에는 각각 장점이 있지. 자세한 제품 정보를 파악하고 비교, 검토하기 쉬운 인터넷 쇼핑몰과 그 자리에서 바로 살 수 있는 실제 매장. 그런데 실제 매장은 매출이 없어도 언제나 일정 금액이 나가는 고정비라는 리스크가 있단다. 그렇다면…….

STAGE 3

쇼핑몰로 지속

작은 규모로 해 나가자

할아버지, 실제 매장을 열면 돈도 많이 들고
위험도 크니까 제조 장소만 빌리고
판매는 지금껏 하던 대로 할래요.

음, 그것도 하나의 선택이지.

할아버지의 용어 설명

고정비 리스크를 부담하지 않고 현상 유지를 한 채로 사업을 키우는 것은 어렵단다. 하지만 그렇게 해서 관계자의 생활이 보장되고 자신들의 비전이나 미션도 실현된다면 스몰 비즈니스도 하나의 정답이겠지.

STAGE 3

실제 매장 열기

매장의 장점은?

할아버지, 역시 매장을 열래요!
그래서~

그래. 지금 너희들 자금으로는 부족하고,
법인화한 지 얼마 안 돼서 은행 대출도 어려워.
할아버지가 돈 빌려줄게.

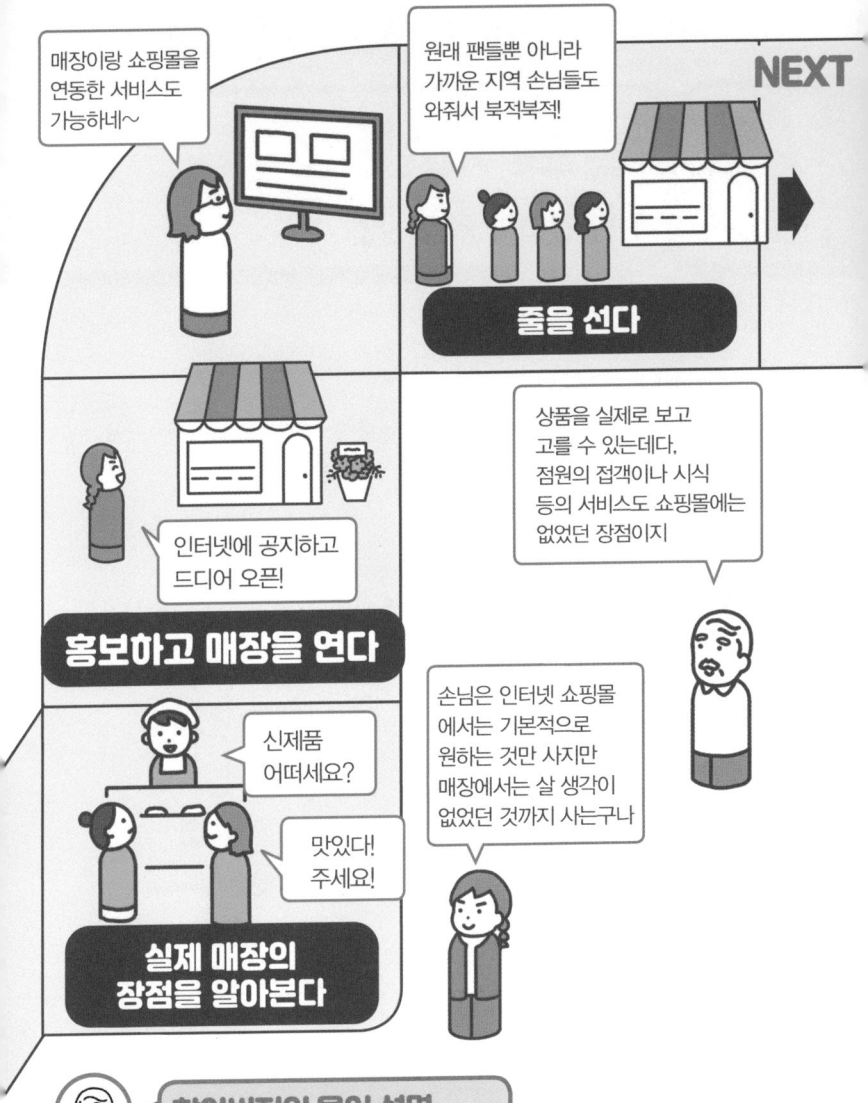

할아버지의 용어 설명

실제 매장은 인터넷 쇼핑몰만 운영할 때보다 할 수 있는 일이 많아지므로 브랜드 인지도도 높아진단다. 그만큼 가게를 여는 건 수많은 사람의 바람이지만 고정비 리스크가 동반되는 실제 매장을 정말로 열 필요가 있는지는 신중하게 고민해야 하지.

STAGE 3

공급 체인

전방 산업과 후방 산업

그럼 모처럼 매장도 생겼는데
상품이 만들어지기까지의 공정에
어떤 것이 있는지 다시 생각해 보자꾸나.

음, 만들어서 팔기만 하면 되는 일이 아니니까요.

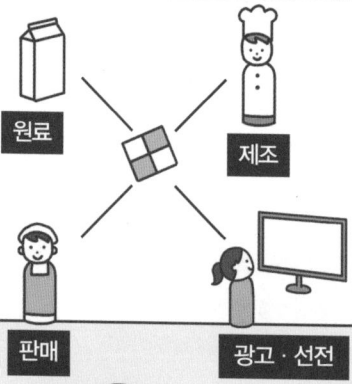

제조업에서는
원재료부터
고객의 손에 닿기까지
일련의 흐름을
공급 체인이라고 하지

원료 외에는
일단 우리 힘으로
하고 있어

상품에 관련된 요소를 이해한다

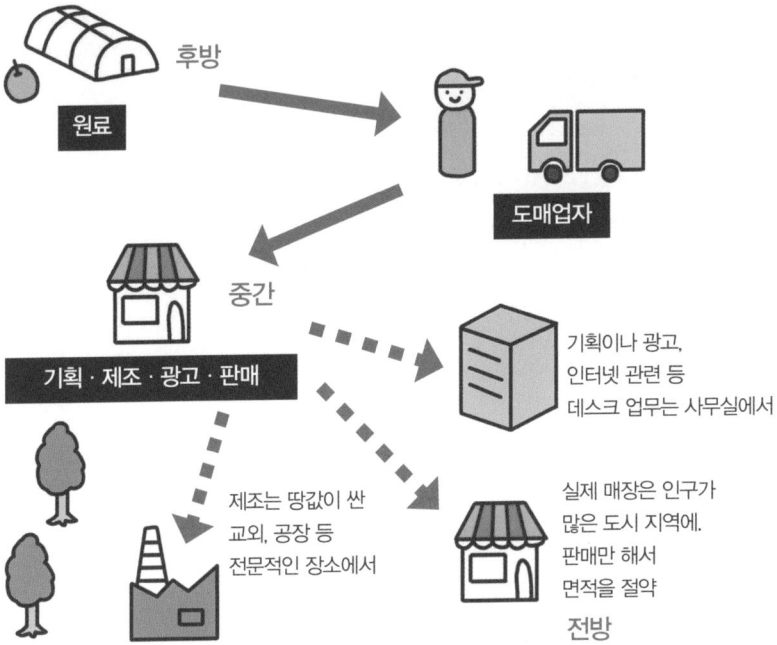

할아버지의 용어 설명

고객과 가까운 곳을 전방 산업, 원료 등 원산지와 가까운 곳을 후방 산업이라고 부른단다. 제조와 판매를 나누면 그 사이에 유통이 필요해지는 것처럼 사업이 커질수록 관련된 회사는 늘어나지.

STAGE 3

손익분기점

상품의 매출과 들어간 비용

그런데 대기업이 되려면 돈 계산을 빼놓을 수 없지. 매출과 비용의 관계, 즉 손익분기점에 대해 생각해야 해.

손익분기점? 그게 뭐예요?

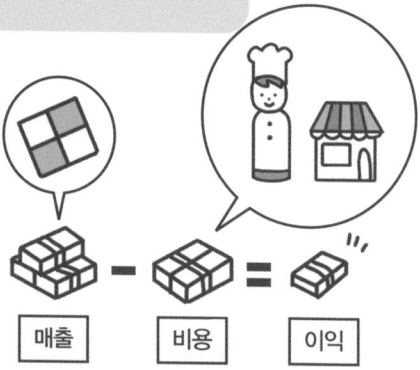

손익분기점을 생각하기 전에 먼저 매출과 비용의 관계에 대해 대강 알아보자

매출은 상품이 팔려서 얻은 돈, 비용은 거기에 든 돈이구나

매출에서 비용을 뺀 게 이익인 거네

매출·비용·이익을 이해한다

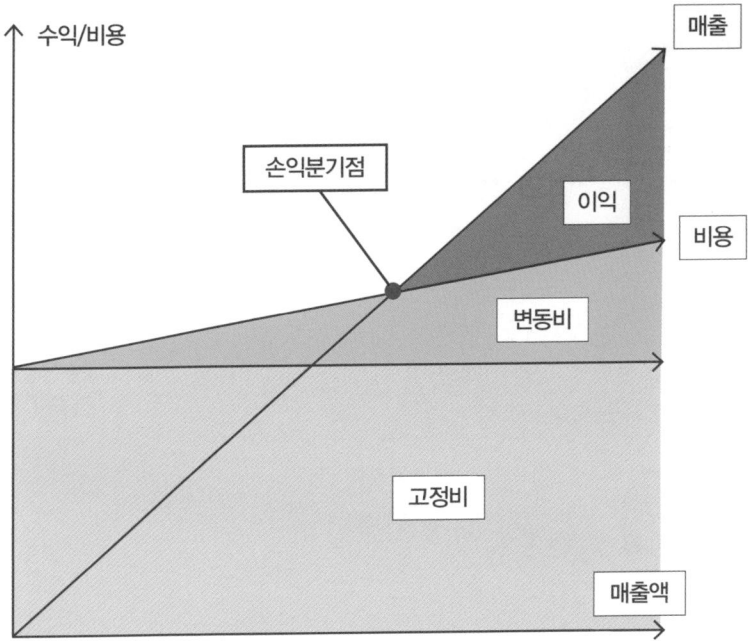

할아버지의 용어 설명

실제 매장을 낼 때 생각해야 하는 것이 이 손익분기점이지. 매장을 내기 전에 매달 나가는 고정비와 변동비를 계산하고, 그것을 웃돌려면 매출을 얼마나 올려야 하는지 잘 검토해야 한단다.

STAGE 3

재무제표

경영의 성적표

자, 매장을 연 이상 손익분기점 뿐만 아니라 회사 전체의 경영 상태를 알 수 있는 재무제표에 대해서도 알아 두자.

왠지 어려워 보여요…….

괜찮아, 괜찮아.
손익을 이해한 너희라면 이해할 수 있어.

재무제표는
손익 계산서,
대차 대조표,
현금 흐름표까지
세 개란다

손익 계산서(P/L)

비용	수익
제조나 판매 등으로 들어간 돈	판매 매출 등 회사가 얻은 수입
이익 수익에서 비용을 뺀 것	

이건 아까 나온
매출, 비용, 이익을
표로 만든 거네

손익 계산서란?

현금 흐름표(C/S)	
영업CS	상품의 매매나 매입 등 본업의 수지. 플러스면 본업이 잘 되고 있다는 증거
투자CS	설비 등의 고정 자산이나 주식 등을 매매한 수지
재무CS	영업CS와 투자CS를 합해 부족한 만큼의 현금을 조달한 방법

대차 대조표(B/S)	
자산 회사가 가지고 있는 돈. 1년 이내에 현금화할 수 있는 유동 자산과 그 이상 장기 보유 설비 등의 고정 자산이 있다	부채 회사가 갚아야 할 돈. 1년 이내의 단기 부채인 유동 부채와 그 이상의 장기 고정 부채가 있다
	순자산 설립 시 자본금 등

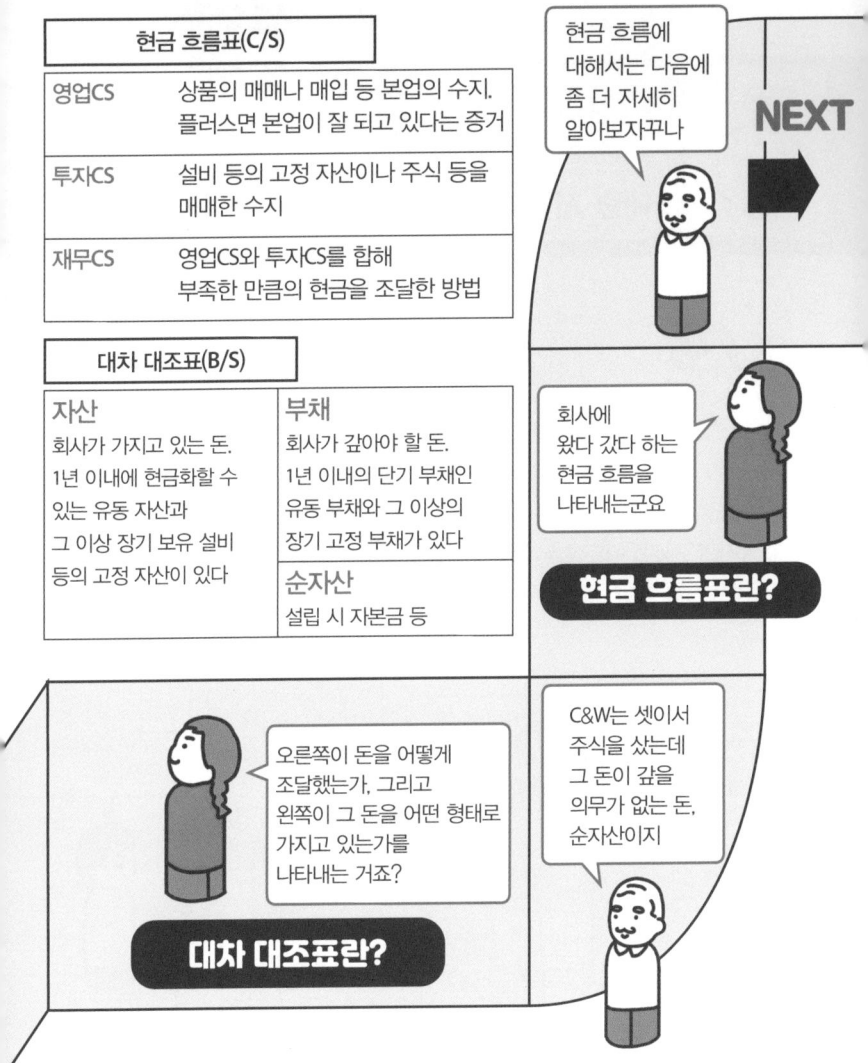

할아버지의 용어 설명

재무제표는 말하자면 그 회사의 경영 성적표 같은 거란다. 본업이 잘 굴러가고 있는지, 아닌지. 어떻게 자금을 얻어서 어떻게 쓰고 있는지. 주먹구구식이 아니라 한눈에 숫자로 볼 수 있게 만든 거야.

STAGE 3

현금 흐름

매출 시점과 현금이 들어오는 시기의 차이

할아버지, 현금 흐름은 잘 모르겠어요…….

예를 들어 신용 카드로 물건을 산 시점은 이번 달이지만 지불은 다음 달이니까 시간 차가 있잖니. 이런 걸 현금 흐름이라고 부른단다.

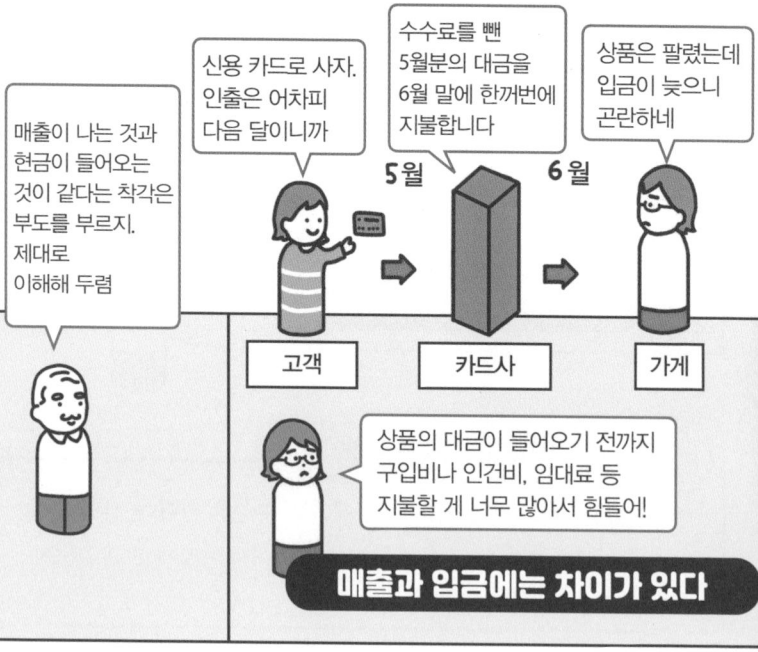

현상 유지 경로

현금만 받으면
좋겠지만
신용 카드를 안 받으면
손님도 안 오게
될 거야…

현 상태로
잘 꾸려나가 보자

P116으로

현상 유지한다

STOP

어떻게 하면
좋을까

**현금 흐름 문제를
변경한다**

고객에게 입금받는
건 최대한 빨리,
우리가 지불하는 건
최대한 늦게
할 수 있으면
최선이겠지만…

선불 결제 경로

월정액으로 매월
과자를 보내 주는
회원제 서비스를
시작해 보자!

P118으로

**고객에게 선불을 받는
서비스를 고안한다**

할아버지의 용어 설명

경영상 여기는 중요한 포인트란다. 사업에 드는 비용과 예상 수익을 계산하는 것도 물론 중요하지. 그렇지만 각각의 돈이 언제 나가고 언제 들어오는지도 확인해 둬야 나중에 힘들어지지 않는단다.

STAGE 3

흑자 도산

매출이 있는데 도산하는 이유는?

일단 신용 카드 대금은 나중에 들어온다는 걸 염두에 두고 지금 이대로 계속해 볼게요.

그렇구나, 쉽지 않겠지만 열심히 하렴.

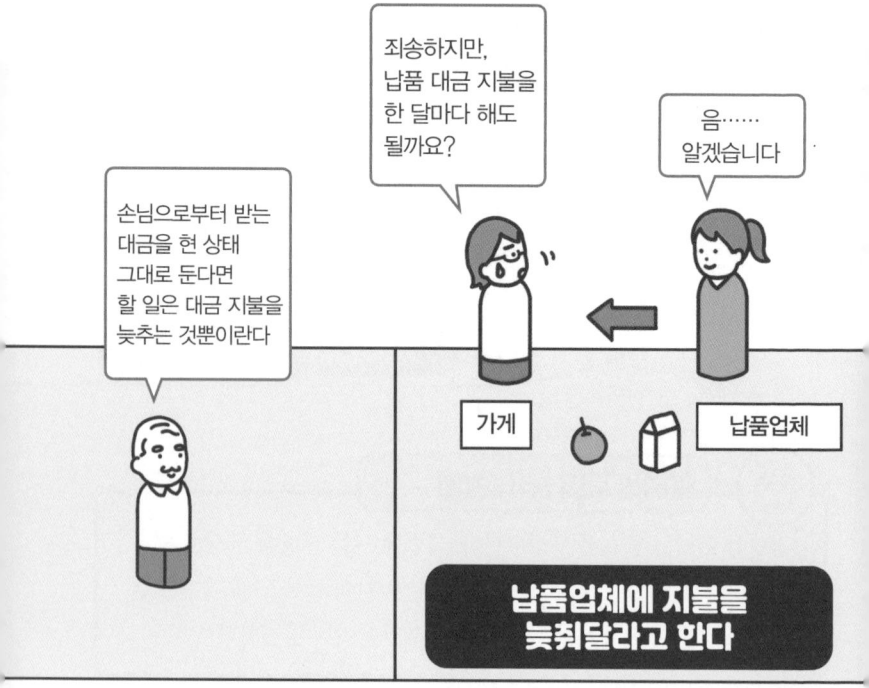

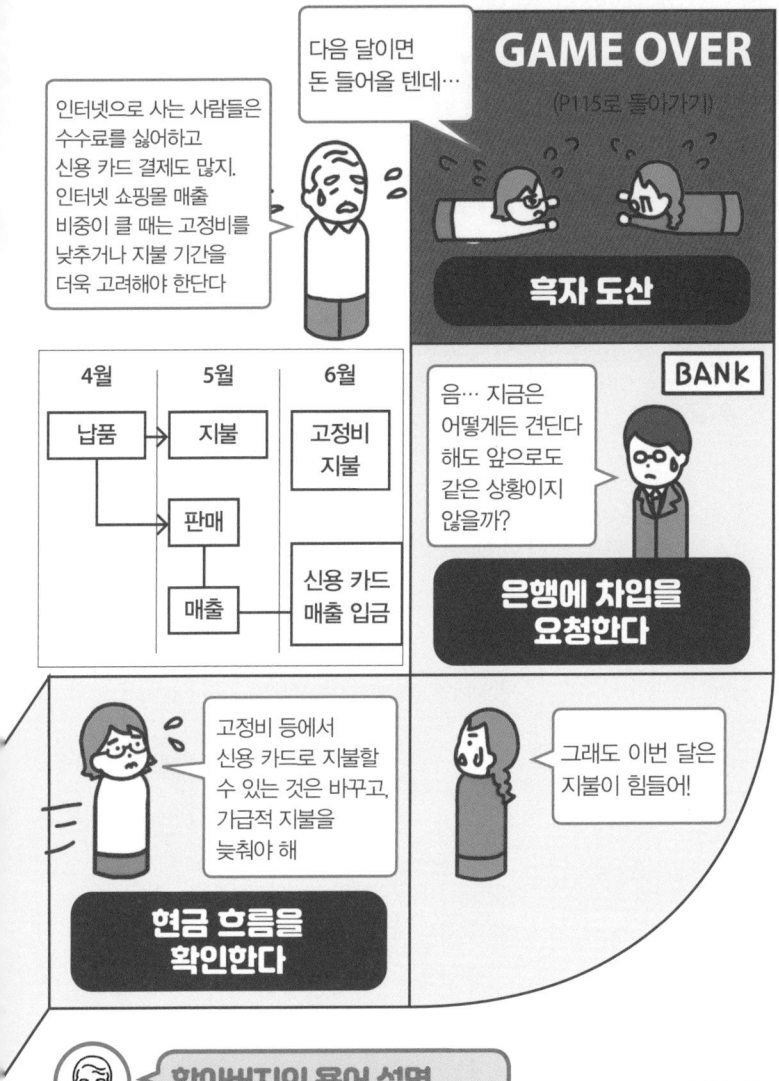

할아버지의 용어 설명

회계상으로는 매출이 있고 흑자인데 현금이 들어오는 것은 나중이기에 지불할 수 없게 돼서 도산하는 것. 이걸 흑자 도산이라고 한단다. 회계 수지뿐 아니라 현금 흐름을 잘 관리하지 않으면 사업은 힘들어지지.

STAGE 3

구독 서비스

회원제의 장점은?

할아버지, C&W 과자 30,000원어치를
매달 받을 수 있는 회원제 서비스는 어때요?
요금은 일단 현금만 받는 걸로 하고요!

오호! 좋은 생각을 했구나.
그건 지금 유행하는 구독 서비스네!

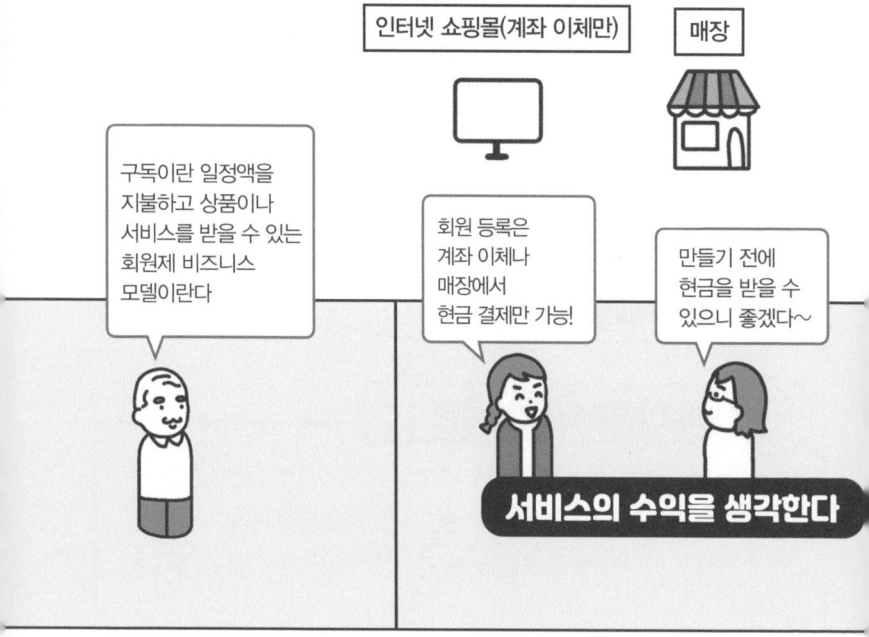

다수의 결제 채널로 회사 전체의 수익을 극대화하는 것이 중요하지

한정

조금만 더 궤도에 오르면 요금을 신용 카드로 받아도 되겠지!

NEXT

현금 매매뿐 아니라 회원제 요금도 들어와서 자금 사정이 좋아졌어!

확실한 현금 수입을 매월 얻는다

역시 약간은 이득을 보는 게 있어야 가입하겠지

20,000원어치의 과자를 한 달에 두 번 보내자. 내용물은 랜덤으로, 대신 가게에서도 쇼핑몰에서도 살 수 없는 한정 과자도 섞는 거 어때?

서비스 내용을 생각한다

어서 인터넷과 매장에 공지하고 회원을 모집하자!

할아버지의 용어 설명

시기에 따라 큰 변동이 없는 수익을 기대할 수 있는 것도 구독 서비스의 장점이란다. 구독으로 상품을 제공하는 방법은 동영상이나 음악 사이트, 스마트폰 애플리케이션이나 음식 그리고 책까지 사용하는 곳이 점점 늘고 있지.

STAGE 3

시장 지위별 경쟁 전략

시장에서의 위치에 따른 작전을 세우자

월정액 회원 서비스도 성공적이고 순조로워요!

그럼 실제 매장 경영도 궤도에 잘 올랐으니,
다시금 업계에서 너희 회사가 어떤 위치에 있는지
확인해 보자꾸나.

리더

규모가 크고
상품의 질도 좋은 업계 1위

챌린저

규모는 크지만
선두를 쫓아가는 2등 기

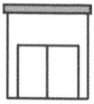

위치를 확인하고
그에 따른 대책을
세워야 해. 이것을
지위별 경쟁 전략
이라고 한단다

팔로워

규모도 질도
애매한 기업

니처

규모는 작지만
좁은 범위에서 인기있는 기업

**시장에서의
위치를 확인한다**

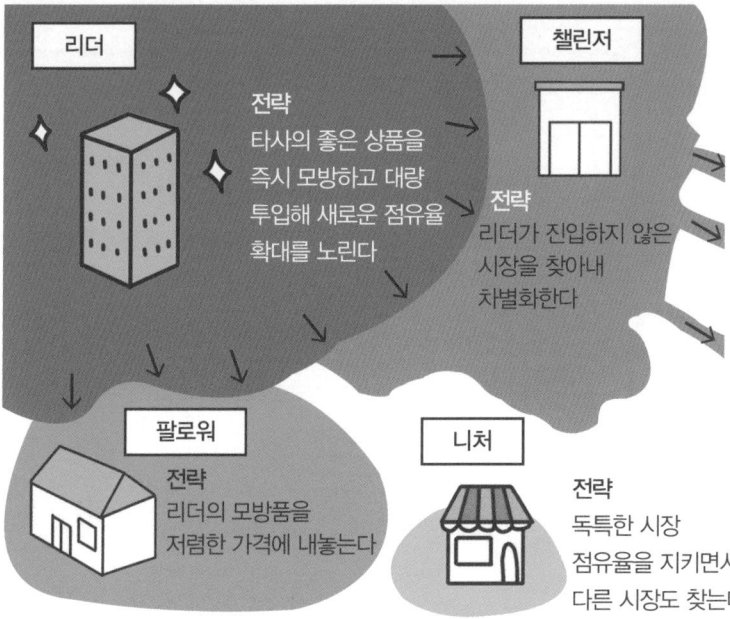

할아버지의 용어 설명

이 시장 지위별 전략을 구체적으로 보면 4P와도 상관이 있지. 니처인 C&W라면 제조는 좁은 타깃을 향해, 높은 가격으로, 프로모션도 신중하게 실시해서 우선 챌린저의 위치를 목표로 하는 거야.

STAGE 3

란체스터 전략®

강자와 약자가 싸우는 방식의 차이

근데 할아버지, 우리 상품으로 대기업이랑 제대로 싸울 수 있을까요? 상상이 안 돼요.

충분히 싸울 수 있어.
란체스터 전략®이라는 것을 기억하렴.

제1 법칙

전력=병력×무기 성능

창이나 검 등 원시적인 무기의 경우
병력, 즉 인원 수가 많은 쪽이 이긴다

제2 법칙

전력=병력의 제곱×무기 성능

총 등 근대 무기로는
병력의 차이가 더욱 큰 요소가 된다

이것은 원래 군사에서 사용되던 전략으로 훗날 경영의 세계로 전용된 법칙이란다

인원이 적을 때는 좁은 장소에서 싸워서 수적 이익을 없애야 하는구나

란체스터의 군사 법칙을 배운다

※란체스터 전략®은 주식회사 란체스터시스템즈의 등록상표입니다.

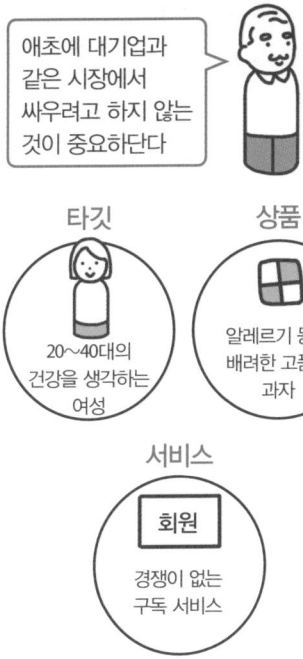

할아버지의 용어 설명

과자 업계에서는 하겐다즈가 유명하지. 아이스크림이라는 상품 하나로 좁혀서 성인을 대상으로 한 아이스크림으로 차별화했어. 원료에 대한 고집, 고급스러운 연출, 높은 가격이라는 브랜딩으로 고가 아이스크림 시장에서 반석의 지위를 다졌지.

STAGE 3

코모디티화

따라하면서 진부해진 상품

C&W가 법인화한 지 2년…….
매장도 세 개로 늘었고 인터넷 쇼핑몰 매상도
비약적으로 늘어서 지명도도 규모도 커졌구나.

근데 최근에는 매출이 떨어지고 있어요…….
우리의 성공을 보고 건강한 과자나
우리와 같은 회원제 서비스가 많이 나왔거든요.

음,
어느 가게에서
살까?

비건 과자예요!

경쟁사 A

회원제 과자
서비스입니다!

경쟁사 B

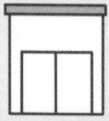

너희의 뛰어났던
상품과 서비스는
이제 세상에 똑같은 게
많이 있지. 이것을
코모디티화 또는
진부화라고 한단다

다른 가게들도 똑같이
따라하기 시작해서
우리만의 색이
흐려졌어!

제품의 코모디티화란?

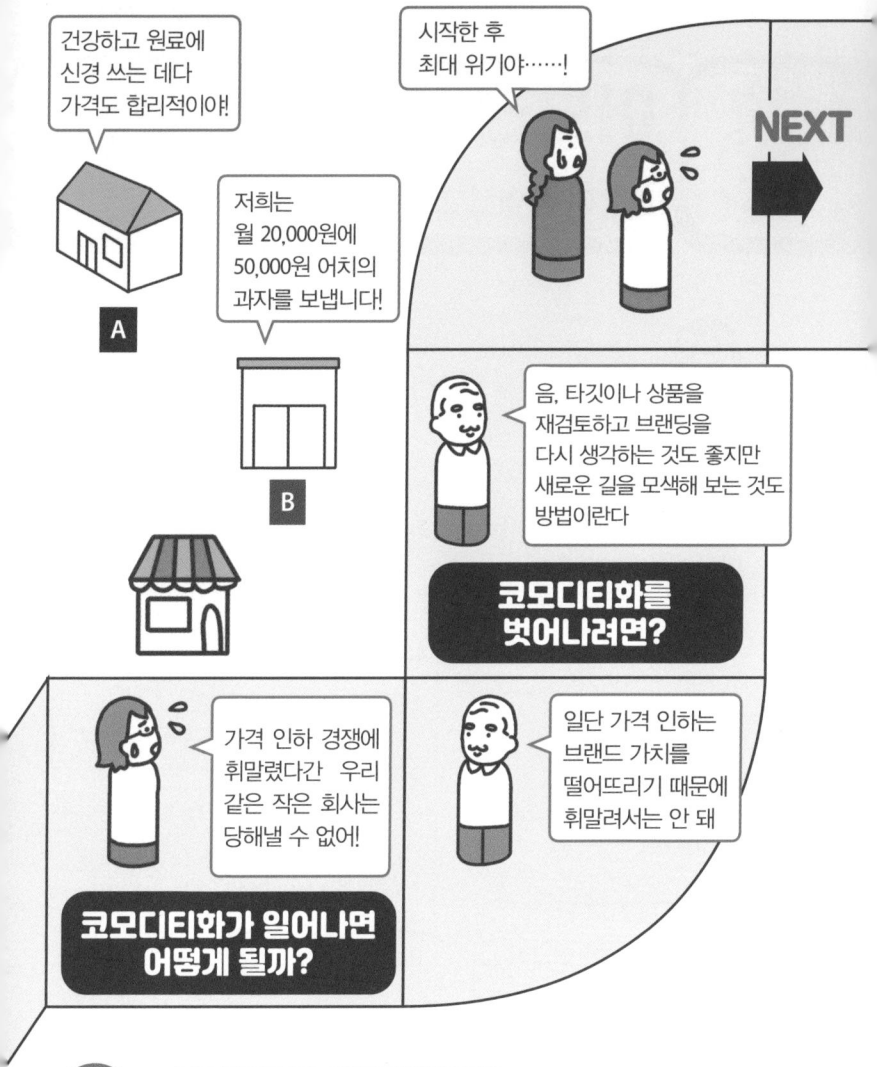

할아버지의 용어 설명

사업을 유지하는 이상 타사가 따라하지 않도록 하는 것은 어렵고, 결국 코모디티화는 피할 수 없단다. 가격이 싸지는 건 고객에게는 좋은 일이지만 경영자에게는 골치 아픈 문제지.

STAGE 3

어드밴티지 매트릭스

경쟁이 치열하고 이기기 쉬운 업계인가?

할아버지, 어떡해요!
빨리 어떻게든 해야 해요!

초조한 마음은 이해하지만 진정하렴.
차라도 마시면서 돈 버는 사업과 돈 못 버는 사업 이야기라도 해 볼까?

경쟁 요인의 수

승부를 결정하는 경쟁 요소.
맛과 기능, 디자인, 비용, 가격 등 다양

우위성 구축 가능성

다양한 경쟁 요인 중에서 경쟁에서 이길 가능성이 얼마나 되는가

보스턴 컨설팅 그룹이 제창하는 어드밴티지 매트릭스에서는 사업이 네 종류로 나뉜다

우리는 경쟁 요인이 많을 것 같은 업계네

두 개의 축으로 생각한다

많음

경쟁요인의 수

적음

분산형 음식, 의류 등
차별화 요소가 많은 대신
점유율을 크게 차지하기 어렵다

차별화해도 경쟁이 많아서
큰 점유율을 얻을 수 없어!

특화형 의약품 등
각 분야에서 차별화할 수
있다면 강하다

잘 차별화하면
커질 수 있어

막다른 골목형 철강업 등
차별화나 규모에 따라
커지기 어렵다

철수하든지
특화형으로
바꾸든지,
고민해야 해…

규모형 자동차 등
규모를 키울수록 규모의 이익(P134)이
작용해 큰 점유율을 얻을 수 있다

대규모
생산 체제나
시스템을 만들면
이길 수 있어!

낮음 우위성 구축 가능성 높음

흐음, 과자 회사는
원래 돈을 못 버는
업계구나~

하지만 우리는
그것밖에
못 하는 걸…

NEXT

실제 업계를 적용해 생각한다

할아버지의 용어 설명

확실히 음식 사업은 분산형이라 자영업이나 중소기업이 많아서 큰 폭으로 이기기는 어려워. 하지만 예를 들어 카페를 체인화하고 덩치를 키우면 분산형에서 규모형이 된단다. 사업의 형태를 전환할 수 없을지 고민하는 것이 중요하지.

STAGE 3

앤소프 매트릭스

어떤 고객에게 무엇을 팔 것인가?

C&W가 체인 시작 즉시 규모형이 되기는 어려워.
지금은 신상품 개발이나 다른 사업을 통해
타파하는 방법을 생각해 보자.

새로운 사업이요? 재미있겠다!

러시아의 경영학자
이고르 앤소프가
고안한 앤소프
매트릭스로
생각해 보자

타깃으로 삼은 사람과
그 외의 사람,
우리가 만들어온 상품과
그 외를 말하는 거구나

고객과 상품을 '기존'과 '새로움'으로 나눈다

	기존 고객	새로운 고객
기존 상품	**시장 침투** 특별한 날을 위한 고급 과자, 간단한 선물용 제품 강화 등	**신시장 개척** 건강을 중시하는 남성용 과자 모색
새로운 상품	**신제품 개발** 기존 고객을 위한 정통 과자 등의 개발	**다각화** C&W 이념을 반영한 카페 개장

STOP

기존 제품으로는
한계가 있어.
신제품으로
점유율을 되찾든지,
다각화해서
규모형으로 바꿔보자

각각을 합해서 최적의 방침을 찾는다

신제품 개발 경로 → P128로

다각화 경로 → P130으로

할아버지의 용어 설명

처음에는 의욕만으로 그럭저럭 굴러가던 사업도 언젠가 코모디티화돼서 벽에 부딪히기 마련이지. 이때 기존의 것을 강화할지, 새로운 것에 도전할지 나아가야 할 방향성을 여기서 다시 한 번 정리하고 생각해 보자.

STAGE 3

신제품 개발

자사에 없던 상품 만들기

할아버지, 신제품에 도전해 보려고 해요.

흠, 그렇다면 타깃을 재확인하고
무엇을 만들지 생각해 봐야지.

할아버지의 용어 설명

코모디티화 → 신제품 → 코모디티화의 반복은 비즈니스의 숙명이란다. 이것에서 벗어나려면 쉽게 따라할 수 없는 기술이나 원료를 획득하거나 비즈니스 모델 자체를 차별화 해야 해.

STAGE 3

다각화

다른 사업에 진출하자

할아버지, 우리 브랜드랑 제품력을 살려서 카페를 하려고 해요.

오호, 다각화를 통해 규모형 사업을 목표로 하려는 거구나. 좋은 생각이야.

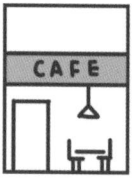

전혀 다른 분야가 아니라 회사의 경영 자원을 활용할 수 있는 사업으로 진출하는 것은 좋은 아이디어란다

우리 회사의 신뢰도도 높아졌으니 은행에서 대출을 받아 가게 옆에 카페를 열 거야!

매장 옆에 카페 개장을 고려한다

할아버지의 용어 설명

대량 주문에 따른 재료비 인하, 상품 및 인력의 융통성, 협업의 용이성 등 기존 사업과의 친화성이 높은 방면으로 다각화한 것이 성공의 열쇠란다. 카페 자체로는 포화 상태라 꽤 힘들었을 테니까.

STAGE 3

규모의 경제

대량 생산을 통한 저비용화

할아버지, 기계를 더 사서
과자를 대량으로 만들려고 해요.

음, 규모형 사업을 목표로 한다면 투자를 통한 확대는 올바른 선택이지. 대량 생산함으로써 규모의 이익을 얻을 수 있으니까.

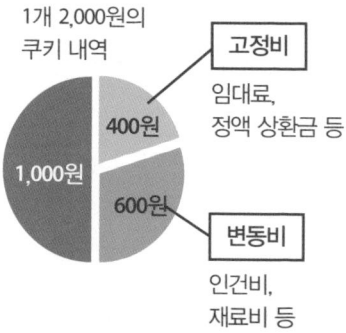

왜 대량 생산을 하면 원가가 절감되는지 살펴보자

대략적으로는
절반이 비용이고
그중 40%가 고정비네

현재의 제품이 차지하는 이익과 비용의 비율을 생각한다

지금까지

제조 체제

기술자

하루 100개가 한계

제조량

100개/하루

죄송합니다, 쿠키가 품절되었습니다

개당 이익과 비용의 비율

400원

1,000원

600원

이제부터

기계

하루에 300개 만들 수 있어요

300개/하루

쿠키 아직 많아요!

200원

1,200원

600원

임대료가 변하지 않아서 많이 만들 수 있으니까 개당 고정비는 줄어드는 거네!

근데 기계로 대량 생산이라니 왠지 우리 가게 같지는 않네…

NEXT

대량 생산의 이점을 알아본다

할아버지의 용어 설명

대량 생산을 통해 결과적으로 비용이 떨어지면 그만큼 이익도 늘어난단다. 그 이익만큼 가격을 낮출 수도 있고, 기술자에게 다른 수제 과자처럼 다른 종류의 제품을 맡길 수도 있지. 여러 가지로 이점이 많아.

STAGE 3

범위의 경제

여러 사업을 하는 것의 장점

카페에서 내놓는 음식도 원재료를 같은 곳에서 구입하면 원가 절감이 되지 않을까요?

좋은 점을 깨달았네. 이걸 여러 사업을 하는 범위의 경제라고 부른단다.

과자 가게

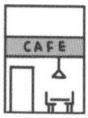

카페

여러 사업에서 자원을 공유해서 비용 절감을 도모하는 거지

카페에서 파는 음식에 과자에 사용하는 원료를 사용하거나 같은 설비를 사용하는 거군요

범위의 경제란?

할아버지의 용어 설명

범위의 경제는 여러 사업을 함으로써 얻을 수 있는 이점을 말한단다. 하지만 공유할 수 있는 자원이 없다면 복수 사업을 한다 해도 의미가 없지. 그러니 다각화로 선택하는 사업은 본업과의 공유 자원부터 생각하는 것이 철칙이란다.

STAGE 3

브랜드 비즈니스

다른 상품으로 세계관을 전하자

도희야, 과자만 만들지 말고
굿즈도 만들어 보면 어떨까?

으음…….
하지만 우리는 과자 회사잖아?

물론이지.
하지만 '관련된 사람' 모두를 행복하게 한다'는 미션은
과자 말고 다른 걸로도 전할 수 있지 않을까?

자사의 브랜드가
확립 · 인지되면 그
브랜드 파워를 살려
다른 사업으로도
뛰어드는 브랜드
비즈니스로구나

건강과 환경,
관련된 사람을
배려한 이미지를
살린 잡화…

공정 무역 원재료로
만든 가방이라든가
그런 걸 말하는
건가?

**브랜드를 살린
사업을 생각한다**

할아버지의 용어 설명

경영 이념을 추구하기 위해 어떤 시도를 하고 있는가? 이것이 전해지면 타사는 쉽게 흉내낼 수 없는 자사의 강점이 되지. 자사의 세계관을 제품으로 표현하는 것은 물론이고, 미디어를 통해 직접 알리는 것도 중요하단다.

STAGE 3

조직

직원을 어떻게 관리할까?

매장 수 확대에 카페와 굿즈 사업까지 하느라 직원도 많아져서 제대로 관리하기 힘들어.

그렇지. 그래서 제대로 된 조직을 만들려고.

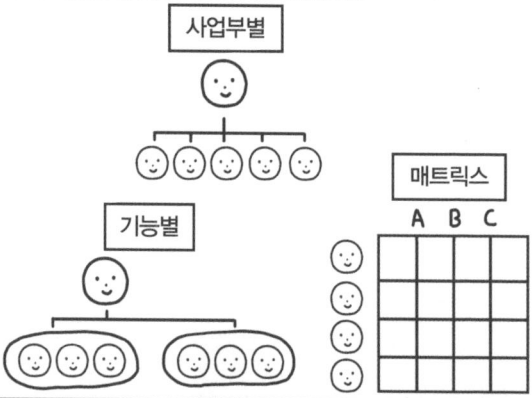

회사가 커질수록 직원도 늘어나는 법이지. 세상에는 어떤 형태의 조직들이 있을까?

총 세 종류가 있네

조직의 종류를 알아본다

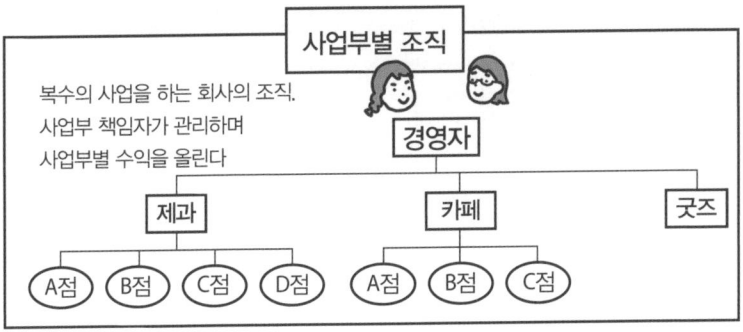

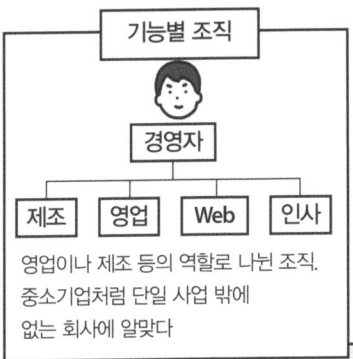

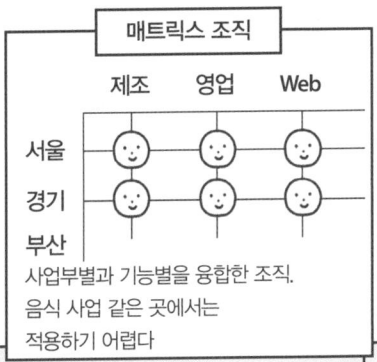

세 가지 조직 중 자신들에게 맞는 조직을 만든다

할아버지의 용어 설명

가령 제과 부문밖에 없다면 제조, 판매 등 기능별 조직을 짜는 것도 좋아. 하지만 규모가 커지면서 제조 부문에서 모든 것을 제조하는 것은 어려워지지. 사업부별로 부문을 나누는 게 맞지 않겠니?

STAGE 3

틸 조직

진화형 조직이란?

최근에는 한층 더 새로운
틸 조직이라는 것도 나왔단다.

틸 조직이요?

기존 조직은 네 가지
유형으로 나뉘지.
더 나아간 곳에
있는 게 바로
틸 조직이란다

레드(충동형)

강력한 리더가
충성심과 두려움으로
지배하는 하향식

호박색(순응형)

역할과 규율에 의해
관리되고 나이와 관습에 따라
계급이 결정되는 피라미드형.
학교나 군대 등

오렌지(성취형)

경쟁과 변화를 취지로
성과를 낸 사람이
위로 올라가 기계처럼
계속 성장하는 피라미드형

그린(다차원형)

피라미드형이지만 의사결정은
구성원의 합의에 따르는
가족과 같은 조직

한국 회사는
아직 호박색이
많네요.
종종 오렌지나
그린도 보이고요

기존 조직의 유형을 알아본다

틸(진화형)

조직을 생명체로 간주하고 구성원은 그 생명체 진화의 목적을 실현하기 위해 관여하면서 존재한다

진화하는 목적

미래를 예측하는 것이 아니라 조직이 자연스럽게 나아가는 목적에 구성원들은 따른다

개인으로서의 전체성 발휘

이기심을 버리고 좁은 전문성의 세계에 머물지 않고 자신의 내적 목소리에 귀 기울인다

셀프 매니지먼트

피라미드 조직이 아니기에 구성원이 자립적이며 각각 권한을 갖고 있다

할아버지의 용어 설명

네덜란드의 뷔르트조르흐라는 재택 간호 회사가 대표적인 예지. 이 회사 간호팀에는 매니저도 리더도 없단다. 업무도 정해진 치료가 아니라 간호사 각자의 판단으로 환자가 스스로 할 수 있는 일을 돕기 위해 노력한다고 해.

STAGE 3

M&A① 분사화

회사를 나누는 이유

바빠서 자주 못 온 사이에 훌륭한 회사가 되었구나~

네, 그런데 너무 커져서 회사를 나눠서 작게 만들려고요.

오호, 분사화한다는 거구나.

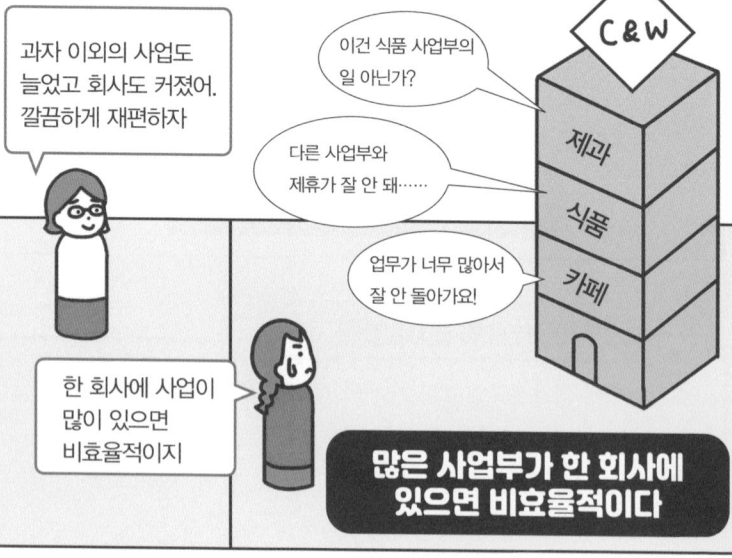

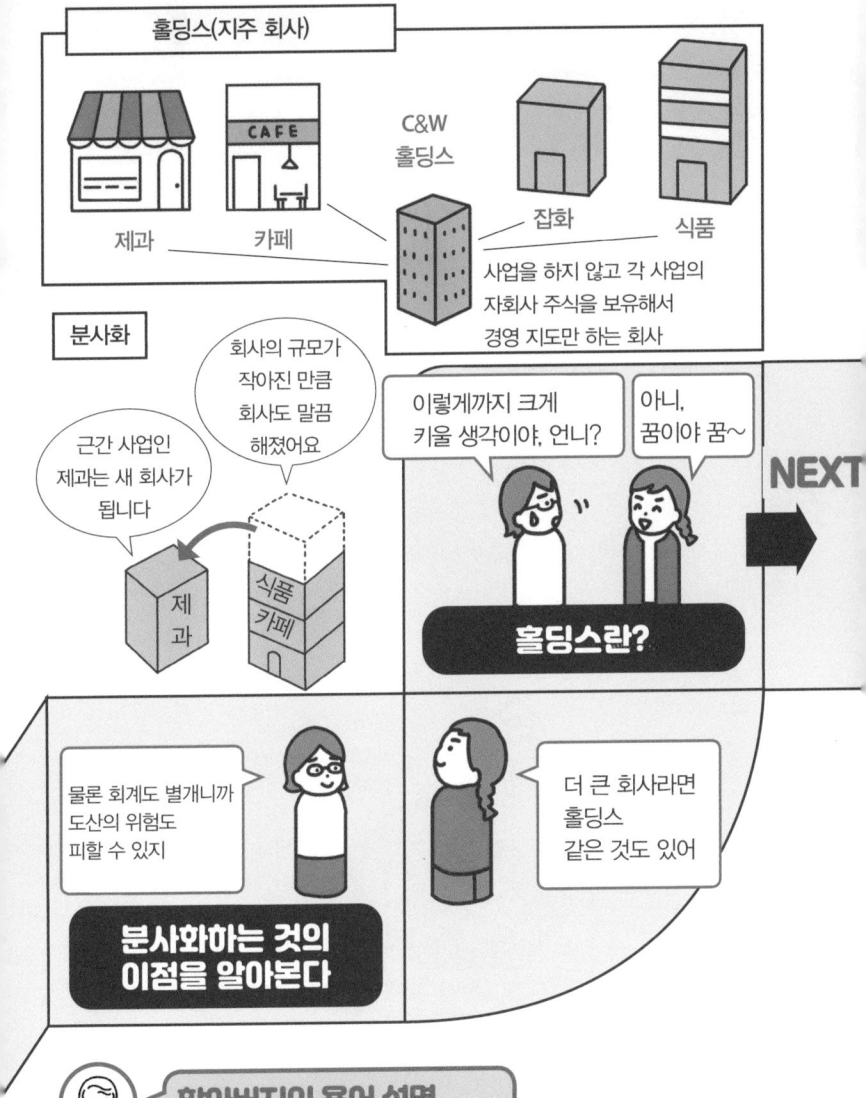

할아버지의 용어 설명

한 회사에 많은 사업부가 있으면 아무래도 비효율적이란다. 이때 하나의 사업을 다른 회사로 만들어 버리는 것이 분사화지. 참고로 이런 회사의 분할이나 다른 회사를 인수하는 등의 움직임을 다 합쳐서 M&A라고 부른단다.

STAGE 3

M&A② 인수와 합병

다른 회사를 산다는 선택

음…….

왜 그래, 언니? 심각한 얼굴이네.

도희야, 원재료 매입하는 회사를 사 버릴까!

① 비용 절감
사내에서 생산하므로 비용을 낮출 수 있다

② 노하우 획득과 시너지
다른 업종의 노하우와 인력, 고객을 그대로 활용할 수 있으며 기존 사업과의 시너지도 기대할 수 있다

인수라는 말은 뉴스 같은 데서나 들었는데 설마 우리가, 심지어 인수하는 쪽이라니…

A청과

회사를 사는데 돈은 많이 들지만 그 이상의 장점이 있을 것 같아!

인수의 장점을 알아본다

합병

사고 싶은 회사를 자기 회사의 일부로 만든다.
흡수 합병이라고 불린다.
A 청과가 C&W의 사업부가 된다.

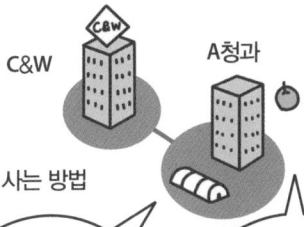

인수

사고 싶은 회사는 그대로 남기고 그 회사의 주식을 사서 제어한다.
A청과가 C&W의 자회사가 된다

주식을 사는 방법

다양한 인수 방법을 알아본다

NEXT

할아버지의 용어 설명

그 밖에도 인수 대상 기업이 자사를 담보로 자금을 차입해 자신보다 큰 기업을 인수하는 LBO 등이 있지. 또 합병된 기업의 회사명이나 제품명은 남기도 해. M&A의 세계는 심오하단다.

STAGE 3

수직 통합 · 수평 통합

수직 방향의 일체화와 수평 방향의 일체화

언니, 또 다른 회사도 인수할 거야?

음, 비건 푸딩 만드는 회사가 신경 쓰여서.
지난번 생산 회사 인수는 수직 통합이고,
이번 것은 수평 통합인데…….

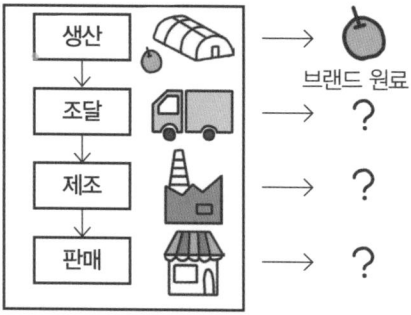

C&W 공급 체인

우선 우리 회사의 공급 체인 중 어디에 가치가 있는지, 즉 가치 사슬을 생각하는 게 중요해

생산 회사를 인수한 후 원료를 브랜드화해서 다른 곳에 도매하기 시작했어

제조나 판매 부문에도 다른 가치를 부여할 수 없을까?

가치 사슬을 분석한다

생산

조달

사업의 전방에서
후방에 관련된 사업을
인수 합병

수직 통합

자사의 강점을 늘려
약점을 보완하기 위해
타사를 인수 합병

수평 통합

제조

비건 푸딩

판매

소매 도매업자

할아버지의 용어 설명

가치 사슬 분석에서 자사 공급망 어디에 가치가 있는지와 어디가 약한지를 생각해야 한단다. 그리고 그걸 보완하거나 강화하기 위해 어떤 방향으로 인수 합병을 진행할지 결정해야 해.

STAGE 3

CRM

고객의 데이터를 모아 활용하자

회사가 너무 커서
원투원이 실현되고 있는지 걱정이야.

그럼 고객 한 사람 한 사람 데이터를 관리하는
시스템을 도입할까?

카드에는 성별, 나이, 주소,
언제, 어느 점포에서, 무엇을, 얼마나 샀는가
등의 고객 데이터가 쌓여 있다

고객의 데이터를
관리하고 그것을
비즈니스에 활용
하는 걸 CRM,
고객 관리라고 해

이 포인트 카드를 통해
얻은 데이터로 고객의
취향을 파악해서
매출로 이어가는구나

CRM이란?

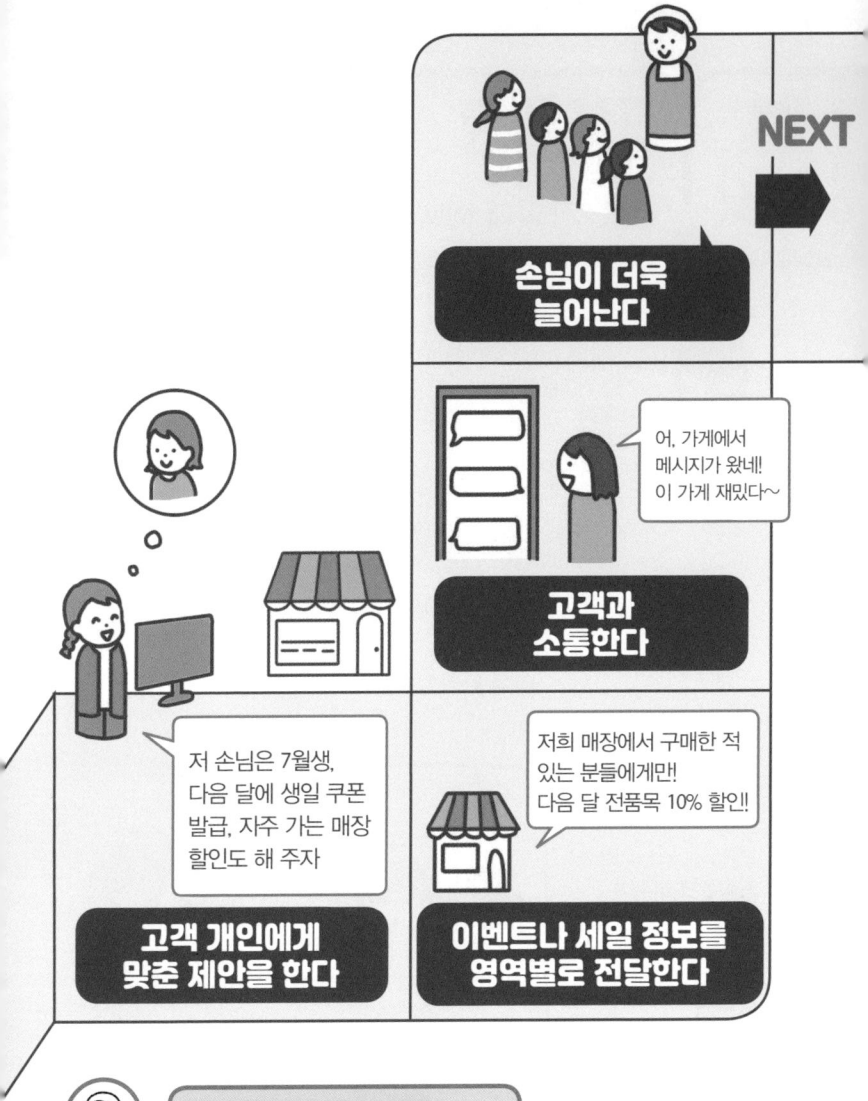

할아버지의 용어 설명

고객을 나누는 방법과 분석에는 여러 가지가 있지. 그 중에서도 최신 구매일, 빈도, 금액으로 손님을 나누는 RFM 분석이 유명하단다. 고객을 구분해서 원투원 마케팅을 하는 거지.

STAGE 3

핀테크

금융×IT화의 혜택을 받자

언니, 가게에서 스마트폰 결제도 가능하게 하는 거야?

유저 우선이야, 도희야. 핀테크라고 들어봤어?

스마트폰 결제

은행 계좌나 신용 카드에서 스마트폰으로 충전할 수 있어서 편해요!

가계부 앱

은행 계좌, 신용 데이터와 연계된 앱에서 자동으로 가계부를 써주는구나!

핀테크는 Finance(금융)×Technology(기술)를 조합한 조어구나

이름 그대로 돈 관련 업무나 서비스를 IT화해서 더욱 쉽게 사용할 수 있도록 하는 거네

핀테크란?

음, 확실히 여러가지로 편리해졌지만 C&W는 이대로 괜찮을까…

네!

전자화폐로 계산할게요!

IT화 할 수 있는 부분은 최대한 해서 낭비를 줄이자

NEXT

회사 계좌나 신용 카드 정보를 연계해서 입출금을 자동 관리

납세나 각종 서류 작성의 수고 단축으로 인한 인건비 절약

회계의 클라우드화

전자 화폐를 사용하는 손님이 이만큼 많다면 확실히 도입하는 편이 좋겠네

전자 결제 도입

주문이나 판매 관리에는 전용 계산대 POS를 사용했는데, 이건 태블릿만 터치하면 사용할 수 있어!

모바일 POS 도입

할아버지의 용어 설명

기업뿐만 아니라 개인 차원에서도 핀테크는 점점 확산되고 있단다. 현금 결제를 차차 없애는 캐시리스화가 더 진행되면 그만큼 현금 관리 위험도 줄어들지. 하지만 온라인에서만 사용할 수 있기 때문에 장애가 발생하면 사용할 수 없다는 위험도 있어.

STAGE 3

상장이란

주식을 공개하는 것의 의미

도희야, 우리 드디어 상장하는 거야.

(언니가 목표로 하는 회사와
내가 목표로 하는 회사는 조금 다른 것 같아.)

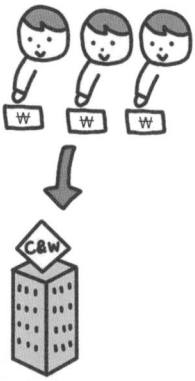

상장
자신들의 주식을
주식 시장에 공개해서
불특정 다수의 사람들이
사도록 한다

회사가 커지는 것은
고객을 위한 것
이기도 해!

상장하면 우리 마음
대로 경영할 수 없어.
주주가 수긍하는
경영을 해야 하니까

상장이란?

할아버지의 용어 설명

상장에는 여러가지 장점이 있지만 제삼자가 주주가 되기 때문에 지금까지처럼 마음대로 경영할 수 없다는 단점도 있단다. 하지만 일단 상장을 고려할 수 있는 규모가 되었다는 건 하나의 도달점이잖니! 축하한다!

STORY 3

회사를 상장하기로 결정했네요. 그런데 도희가 지호에게 뭔가를 의논하고 있습니다.

회사를 그만두고 싶다는 게 정말이야?

응. 사업 성장이나 확대 같은 것들에 지쳤어.
좀 더 손님들 가까이서 기쁘게 해 드리고 싶어.

하지만 회사가 커지면 더 많은 손님들을
기쁘게 할 수 있지 않을까?

그 방법도 틀렸다고 생각하지는 않아. 나는 그냥
작은 규모로 모두를 행복하게 만들고 싶을 뿐이야.

알았어. 그만둬도 나는 도희를 계속 응원할게!
나는 네 언니니까!

응. 고마워. 언니!

이렇게 도희는 회사를 그만두고 둘은 다른 길을 걷게 되었습니다.

STAGE4

목표는 어디에?

대기업의 길과 자영업자의 길,
지호와 도희는 어디에 도달할까요?

상장 경로

P158로

지속 가능 경로

P174로

매각 경로

P166으로

자영업자 경로

P180으로

STAGE 4

프랜차이즈

저렴한 비용으로 가게를 늘리자

상장 준비도 진행하겠지만
카페의 프랜차이즈화도 생각해야 해.

저비용으로 매장 수를 확대할 수 있다는 게
프랜차이즈의 장점이지만
리스크도 있으니까…….

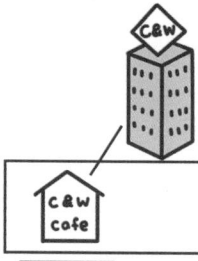

직영점

본사가 직접
경영하는 매장

프랜차이즈점

가게 주인과 프랜차이즈
계약을 맺은 매장

프랜차이즈화 하기
전에 다시 구조를
확인해 두자

상장 경로
START

손님 입장에서는
직영이든 프랜차이즈든
같은 카페 체인점이네

**직영과 프랜차이즈,
체인점이란?**

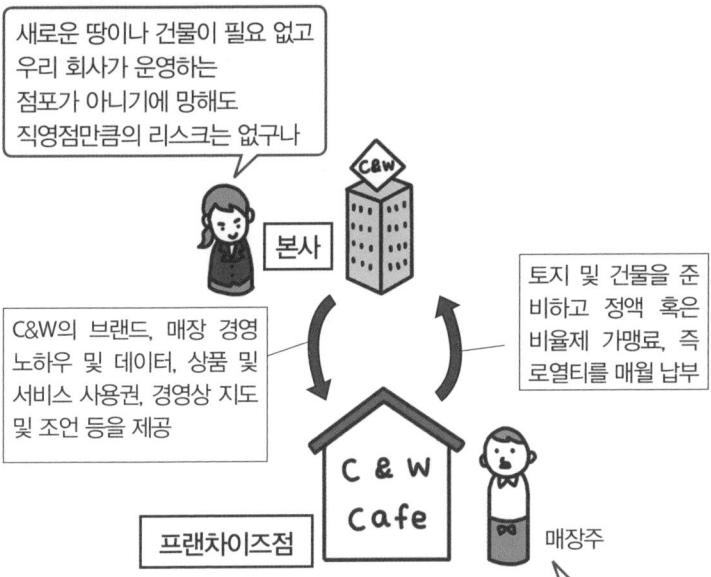

간판은 같지만 어디까지나 독립적인 매장. 개업 자금은 물론 납품비도 광고비도 모두 자기 부담이에요. 그래도 노하우나 간판 덕분에 경험이 없어도 시작하기 쉽죠

경험이 없는 사장님이라도 매출이 오를 수 있도록 카페 노하우와 지도 방법을 정비해서 프랜차이즈화하자

NEXT

프랜차이즈의 구조를 알아본다

할아버지의 용어 설명

매장 경영에 드는 자금을 매장주가 부담하기에 본사는 저비용, 저위험으로 자사의 간판을 단 매장을 늘릴 수 있지. 하지만 대응을 잘못하면 회사의 브랜드 이미지도 떨어지기 때문에 본사의 지도와 매장주와의 신뢰 관계가 중요하단다.

STAGE 4

얼라이언스

타사와의 협력으로 사업을 확대하자

음, '타피오카 카페' 밀크티 맛있네.

우리 고객 맞춤형 버블 밀크티도 만들고 싶어. 하지만 매수에는 시간이 걸리니까 그 사이에 인기가 식을지도 몰라. 얼라이언스하는 게 더 좋을지도 모르겠다.

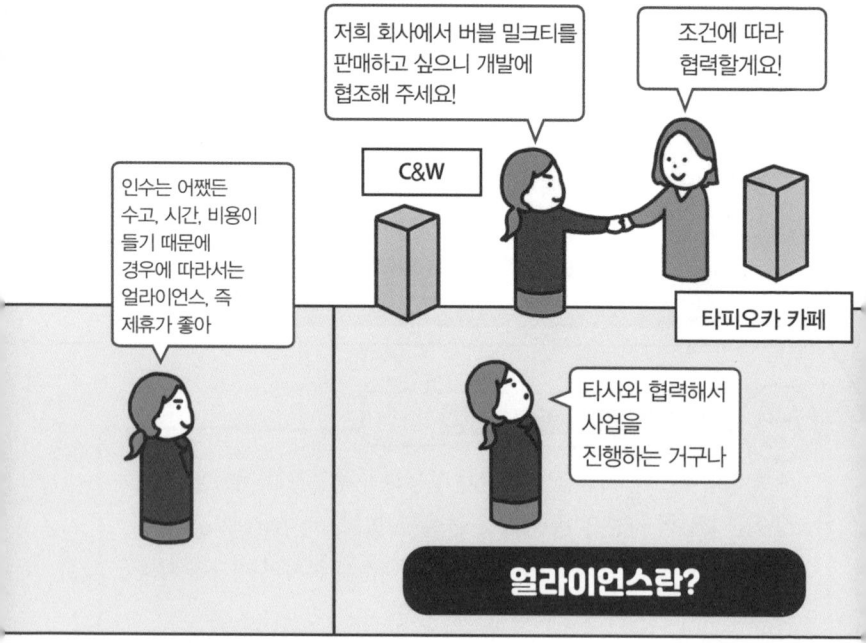

생산 제휴

저희 공장에서 조금 더 대규모로 타피오카를 가공해 보지 않을래요?

저희만으로는 한계가 있는데 큰 도움이 되겠네요!

기술 제휴

해외에서는 타피오카로 만든 가짜 회가 비건에게 인기 많대요

저희의 가공 기술을 사용해서 공동으로 개발해요!

판매 제휴

서로의 상품을 서로의 가게에서 판매해 보지 않을래요?

Cafe

타피오카

고객층이 다르니까 패키지나 조합을 생각해야겠네요!

이외에도 서로가 자금을 대서 새로운 회사를 만드는 자본 제휴도 있어. 이건 더욱 결합력이 강하겠지

얼라이언스의 종류를 알아본다

NEXT

할아버지의 용어 설명

얼라이언스의 장점은 M&A보다 리스크가 적다는 점이란다. 타피오카의 인기가 사그라들었을 때, 인수했다면 그 사업부나 자회사가 남지만 얼라이언스라면 제휴만 해지하면 되니까. 서로 손을 잡음으로써 회사가 망하는 위험을 피하는 거지.

STAGE 4

OEM

기업을 상대로 한 수주 생산

과자, 카페, 굿즈와 그 외 인수한 회사의 사업들도 나름대로 성과를 내고 있지만 더 나아가고 싶어.

참, OEM은 어떨까? 알아봐야겠다.

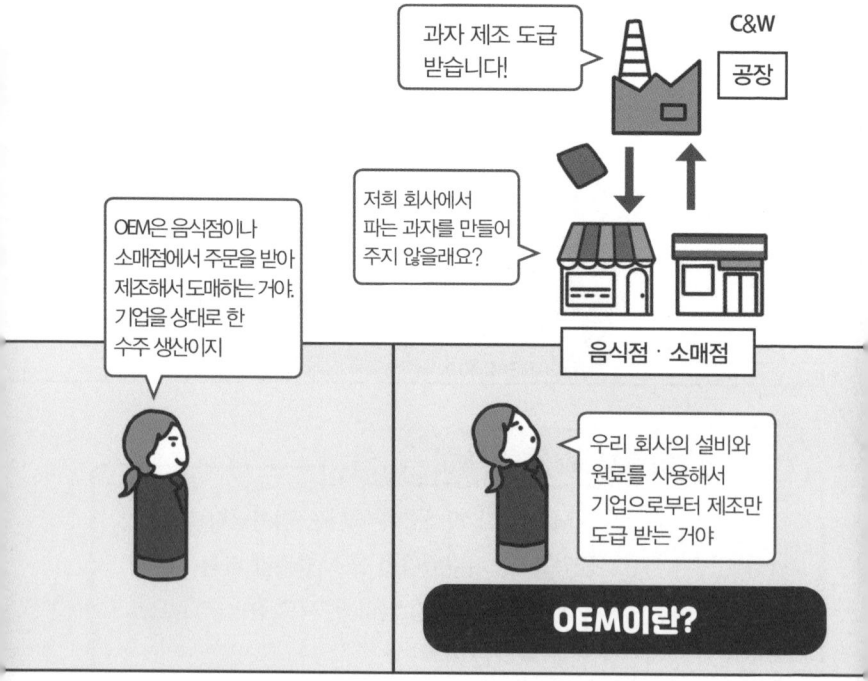

대성공!
자, 드디어 상장이야!

NEXT

우리 회사 제조 설비로는 만들 수 없는 상품이 이벤트로 필요해서…

음식의 종류를 늘리고 싶지만 구입처나 제조 설비가 없어

원료를 고집한 유기농 메뉴가 호평을 받고 있어요! 또 부탁드릴게요

제조에 가치가 붙는다

다른 제조사

유기농 카페

여러가지 사정으로 제조를 맡기고 싶은 기업이 있구나

OEM의 클라이언트

공장 가동률이 올라간다!

세세한 주문에 대응해 줄뿐 아니라 대규모 설비 투자를 안 해도 된다!

OEM의 장점

할아버지의 용어 설명

OEM이란 Original Equipment Manufacturing의 약자를 딴 말이란다. 위탁원은 제조할 필요가 없기 때문에 비용을 대폭 낮출 수 있는 것이 큰 장점이지. 대체로 대기업이 위탁원이 되는 경우가 많단다.

STAGE 4

IPO

주식을 시장에 공개하자

사업도 순조롭게 커졌으니
슬슬 IPO를 할 때야!

그전에 다시 상장에 대해
좀 더 확인해 두자.

높음

심사 기준

낮음

코스피
삼성전자, 현대자동차, 네이버, 카카오 등

코스닥
셀트리온, 카카오게임즈, 에코프로비엠 등

코넥스
초기 중소기업들을 위한 시장

우리 같은
비상장사가 새로 주식을
공개하는 것을 IPO
(Initial Public Offering)
라고 하지

코스피나 코스닥은
인원 수나 시가총액 등의
심사 기준이 더 높을 거야.
우리는 기준이 비교적 느슨한
코넥스가 좋겠어

어느 주식 시장에 공개할 것인가?

아직 갈 길이 멀지만
여기서 일단락
지어졌구나! 축하한다!

GOAL

드디어 상장!

하지만 아직은
과정일 뿐,
목표는 코스피야!

C&W

ENDING

P184로

주식 공개

주주

C&W

경쟁사

공개하기 때문에
인수당할 위험이 높아지고
주주들의 압박도 심해진다

회사는 내가 아니라
주주의 것이 되기
때문에 사업주의
발언권도 약해지지

상장의 단점도 파악한다

내부 조직
개편

감사 법인,
주력 증권 회사
정하기

5년치의
재무제표 등
공개하기 위한
회계 자료를
정리한다

실무는 IPO
컨설턴트를 넣고
사내에 준비실을
만들어서 진행하자

상장을 위한 다양한 준비를 한다

할아버지의 용어 설명

지금까지 많은 일이 있었지만 드디어 상장이라는 목표에 도달했구나. 다만 아직 주식 시장은 심사가 엄격하지 않으니 상장했다고 끝이 아니야. 사업을 더욱 성장시키고 규모를 확대함으로써 한층 더 위의 시장을 노려야 한단다!

STAGE 4

센트럴 키친 방식

대규모 제조 거점을 만들자

하아… 도희가 없으니까 의욕이 사라졌어.

아니다, 정신 차려야지.
센트럴 키친화 하기로 했으니까.

패밀리 레스토랑이나
학교 급식 등에서
채용되는 방식으로
규모의 이익을
받을 수 있지

매각 경로
START

지금까지 공장에서는
소재의 가공이나
일부 상품의 제조만
했지만 제조와 판매를
완전히 나눠야겠어!

센트럴 키친 방식이란?

공장

땅값이 싼 교외에 대규모
공장을 짓고 매입도 일괄적으로,
대량으로 진행함으로써
비용을 절감할 수 있다

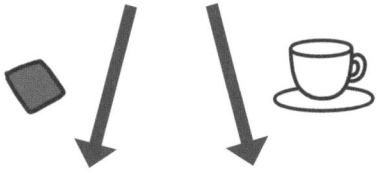

상품

품질의 격차가 없어져서
상품의 질이 안정된다

매장

제조 설비가 없기 때문에
매장 면적이 작아도 괜찮다.
땅값이 비싸고 유동인구가 많은 곳에
입점할 수 있어서 인건비도
아낄 수 있다

하지만 도희 말대로
대량 생산 방식은
우리의 이념과는 거리가
멀다는 느낌이 들었어

**센트럴 키친 방식의
장점을 알아본다**

할아버지의 용어 설명

규모 확대를 위해서는 필수 전략이지. 하지만 기술자를 쓰지 않고 직접 제조하는 방식을 버리면 기존 고객이 떠날 위험성도 있어. 브랜드화한 기존 매장은 그대로 두고 수지가 맞지 않는 매장을 저렴한 새 레이블로 바꾸는 게 좋을 것 같구나.

STAGE 4

기업 가치 평가

비상장사의 가치는 얼마인가?

하아, 회사는 커졌는데 초창기 고객 반응은 별로 안 좋네…….

회사를 팔아 버릴까…….
기업 가치 평가를 받자.

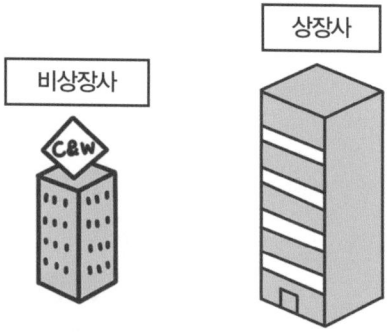

기업 가치 평가는 말 그대로 그 회사의 가치가 어느 정도인지를 나타내는 거야

상장 기업은 주가라는 알기 쉬운 지표가 있는데, 우리 같은 비상장 기업은 어떻게 가치를 파악할 수 있을까?

기업 가치 평가란?

할아버지의 용어 설명

셋 중 어느 것을 중요시하는가는 인수한 후 어떻게 하고 싶은지에 따라 달라진단다. 가령 인수한 회사의 사업을 완전히 없앤다면 장래의 수익성은 생각할 필요가 없겠지. 그 경우 자산 접근법이 중시되는 거야.

STAGE 4

우호적 인수와 적대적 인수

동의를 얻고 사느냐, 동의를 얻지 않고 사느냐

회사의 이름도 사업도 그대로 남는다고 하니까 직원과 임원도 어렵게 이해해 줬어.

비상장사 인수는 대부분 사업주를 통한 우호적 인수인데 상장하면 더 힘들었겠지…….

우호적 인수

저희 회사의 자회사가 되면 사업은 더욱 성장할 거예요!

적대적 인수

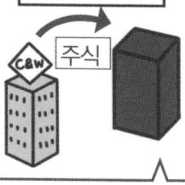

귀사의 주식을 3분의 2 이상 샀기 때문에 실질적으로 경영하겠습니다

누구나 주식을 살 수 있도록 공개하고 있는 상장 기업에서는 동의 없이 인수 당하는 적대적 인수 합병도 있어

상장 기업은 항상 적대적 인수 걱정을 해야겠구나

우호적 인수와 적대적 인수란?

초토화 작전

중요 자산을 매각함으로써 상대방의 인수 의욕을 잃게 만든다

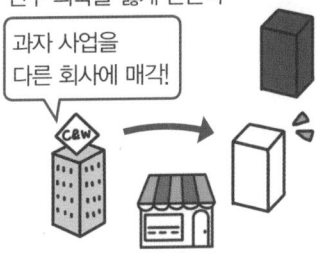

황금 낙하산

경영진 해고 시 거액의 퇴직금을 약속함으로써 인수 의욕을 잃게 만든다

팩맨 방어

기업이 의결권을 잃도록 주식 4분의 1을 사서 인수 상대를 도리어 인수한다

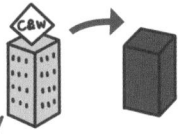

백기사

다른 기업에 우호적 인수로 인수받는다

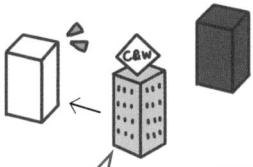

상대 주식의 4분의 1을 빼앗으면 우리 회사를 인수할 수 없게 된다!

도와주세요!

이 외에도 여러가지 방법이 있는것 같아

자사의 매력을 약화시키기도 하고, 다른 기업의 힘을 빌리기도 하고, 재미있네

NEXT

적대적 인수를 막는 방안을 알아본다

할아버지의 용어 설명

과반수의 주식을 가진 주주는 임원을 선정하거나 이사를 해임할 수 있단다. 나아가 3분의 2를 갖게 되면 조직 개편이나 사업 양도 등 경영에 관련된 일은 대부분 할 수 있게 되지. 그걸 막기 위한 방안도 여러 가지가 존재한단다.

STAGE 4

VC(벤처 캐피털)

벤처기업의 강력한 아군

일단 창업자 이익만큼 돈은 받았지만 매일 인터넷으로 뉴스 보는 것밖에 할 일이 없어…….

어머, 우리 동네에 생긴 파티스리가 벤처 캐피털로 자금 조달했구나.

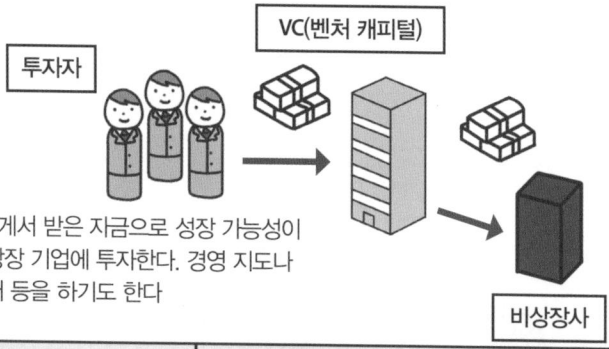

투자자에게서 받은 자금으로 성장 가능성이 높은 비상장 기업에 투자한다. 경영 지도나 상장 안내 등을 하기도 한다

우리는 할아버지라는 막강한 출자자가 있었지만 누구나 그런 사람이 있는 건 아니야

그 중에서도 유망한 기업을 미국에서는 유니콘 기업[2] 이라고 부르는구나

VC(벤처 캐피털)란?

2. 평가액 10억 달러 이상, 설립 10년 이내인 비상장 기업

할아버지의 용어 설명

창업자가 목표로 하는 출구는 상장과 매각 두 가지인데 VC가 목표로 하고 있는 것도 마찬가지란다. 창업자가 자사를 성장시켜 주식을 공개하면 VC의 지분도 단번에 높아지니까. 기업을 매각했을 때도 VC는 매각 이익을 얻을 수 있는 거야.

STAGE 4

지속 가능 경영

사회적 과제와 함께하자

일단 주식을 언니가 사 줘서 목돈이 생겼으니 다시 회사를 차려야겠어.

요즘 보이는 지속 가능 경영이라는 게 내 꿈에 가까운 것 같아.

빈곤

환경 문제

평화

에너지

지속 가능 경영은 서스테이너블 경영이라고도 해

지속 가능 경로

START

경제 성장뿐만 아니라 세상의 다양한 과제를 해결하고 지속가능한 사회와 환경을 지향하는 기업을 가리켜

지속 가능 경영이란?

청정 에너지

풍력 발전 등
천연 에너지 이용

국산 원료 사용

국내 임업 응원

지방에서 생산된 원료 사용

지방과의 격차를
없앤다

공정무역

개발도상국에도
공평한 거래

물론 과자도 만드니까
어린이를 타깃으로
삼아 볼까?

사업을 생각한다

윤리적 소비는
착한 소비라고도 해.
고객에게도 세상을
배려한 소비를 하도록
호소하는 거지

윤리적 소비를 도입한다

할아버지의 용어 설명

원래 기업의 미션이 사회적 과제의 해결이긴 하지만 지속 가능 경영은 더욱 직접적으로 사회적 과제에 참여하는 거란다. 물론 이념만으로는 안 돼. 제대로 수익을 내고 과제도 해결하는 게 지속 가능성의 의미니까.

STAGE 4

크라우드 펀딩

지원자로부터 자금을 모으자

경제적 이유로 과자를 먹지 못하는 아이들이 과자를 먹을 수 있게 하는 서비스를 하고 싶은데 어떻게 시작하지?

맞다, 크라우드 펀딩으로 모아 보면 어떨까?

투자형

선물=돈

주식형

혁신적인 벤처 기업 등이 매우 적은 양의 주식을 판다. 출자자는 배당을 받는다

대출형

소액의 융자를 모아 대형 사업 자금으로 만든다. 출자자는 대출 금리를 받을 수 있다

펀드형

사업의 기금으로서 출자자를 모집한다. 출자자는 매출에 따른 배당을 받을 수 있다

비투자형

선물≠돈

기부형

선물로 편지 등을 보낸다

구매형

선물로 상품이나 서비스를 제공. 일정액이 모이면 프로젝트가 성립하는 'All or Nothing'과 성립이 정해져 있는 'All in'이 있다

NEXT

크라우드 펀딩의 종류를 알아 보자

할아버지의 용어 설명

인터넷을 이용해 개인으로부터 소액 출자를 대대적으로 모을 수 있게 한 것이크라우드 펀딩이란다. 하지만 투자처의 기업 정보가 불투명하다든가 사업 제안자에 대한 신뢰성의 관점에서 보면 리스크도 있지.

STAGE 4

CSV

지속 가능성을 사업의 기회로 만들자

크라우드 펀딩의 단발성 프로젝트로 사업의 틀은 만들 수 있었어.

하지만 단발성이 아니라 사업체로서 계속해 나가려면 CSV를 고려해야 해.

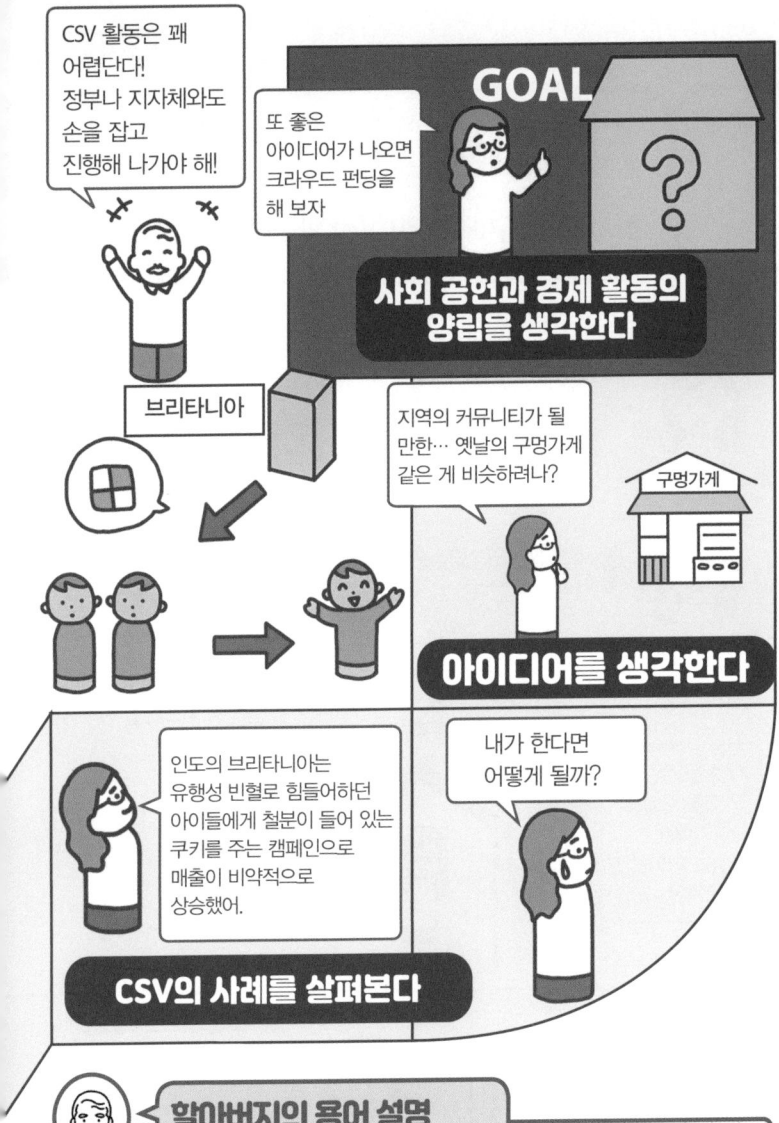

할아버지의 용어 설명

기업은 사회적 과제의 해결 없이는 성립하지 않는단다. 하지만 과제 해결 그 자체가 기업의 경제 활동에 직결돼 이익이 되는 형태가 바로 CSR과 CSV의 차이가 아닐까?

STAGE 4

사업 승계

회사를 누구에게 이어받게 해야 할까?

하아… C&W를 떠나 직접 작은 가게를 열었는데 나는 언니처럼 경영을 잘 하지 못해.

하지만 모처럼 손님도 늘고 있으니… 사업 승계를 할까?

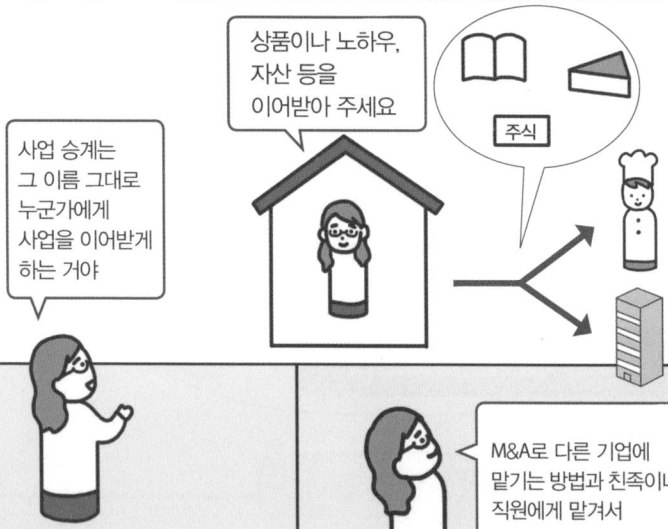

자영업자 경로

START

사업 승계란?

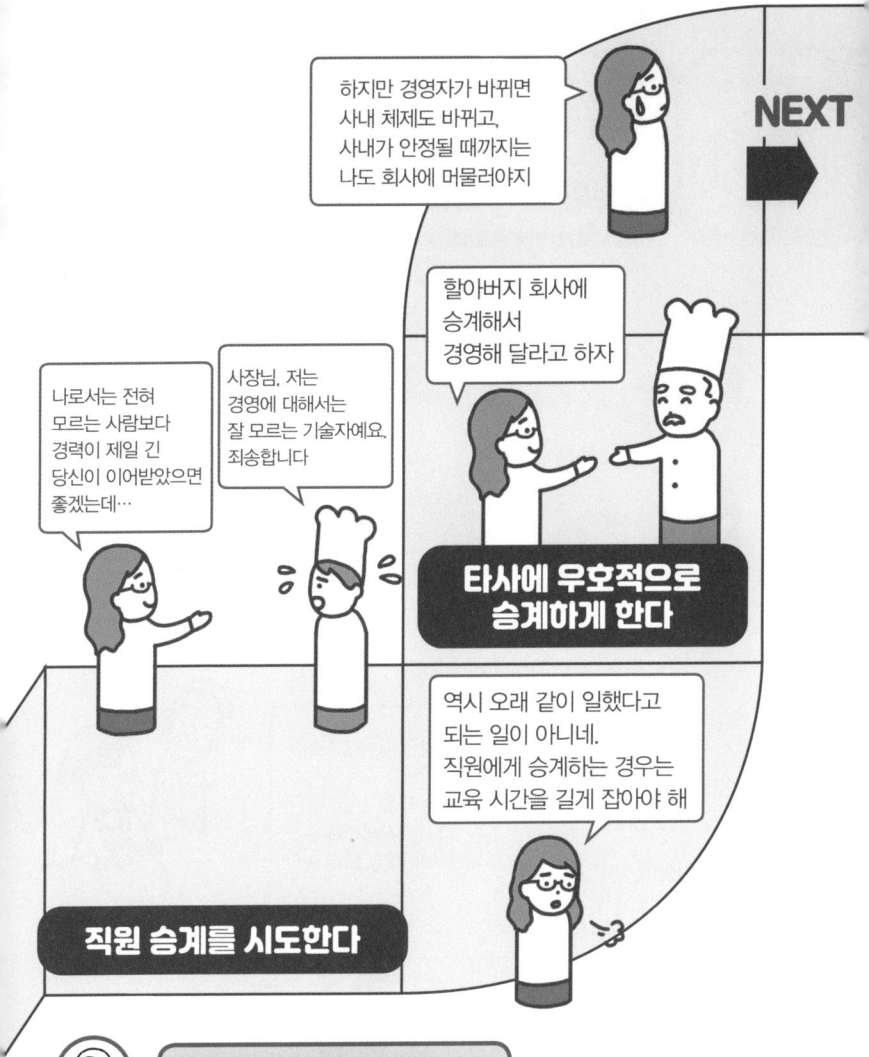

할아버지의 용어 설명

중소기업 경영자가 자신의 친족에게 물려주는 경우가 제일 흔하지만 최근에는 M&A처럼 친족이나 직원 외의 대상에게 승계하는 일도 늘고 있지. 우호적 인수라고는 하지만 경영자가 바뀐 후 직원에 대한 처우나 회사의 고유 분위기도 생각해 둬야 한단다.

STAGE 4

클래스 비즈니스

밑천이 들지 않는 작은 사업

가게 문도 닫았고, 이제 아무것도 없어져 버렸는데 어떻게 해야 하지…….

그래, 과자 만들기를 가르치는 건 우리 집에서 할 수 있을지도 몰라. 적은 인원부터 시작해 볼까?

C&W 시절의 인지도나 노하우 등의 가치는 활용하되 리스크가 적잖니. 좋은 사업이구나!

하지만 인원을 한정하니 희소가치가 있어서 신청 인원이 전혀 줄지 않아

NEXT

한 번에 가르칠 수 있는 인원도 한정돼 있고, 내 속도대로 할 수 있어서 좋네

인원 수를 한정한다

도희 선생님이 클래스를 열었는데, 이번에 같이 가지 않을래?

정말? 가고 싶어!

신청이 꽤 많네… 인원이 많아지면 관리도 힘들어서 주객이 전도 될 거야

입소문이 난다

할아버지의 용어 설명

클래스 비즈니스는 노하우나 지식을 가르치기 때문에 원재료 구입이나 재고 걱정이 없고, 집에서 한다면 거의 밑천을 들이지 않고도 가능하지. 단 그 지식이나 노하우의 가치를 전하려면 설명회 같은 걸 열어서 타깃을 잡을 필요가 있단다.

STAGE 4

에인절 투자자

창업자의 천사

클래스에 센스가 좋은 젊은이가 있네.

가게를 열고 싶다고 했는데,
몇 년 후에나 가능하겠지…….

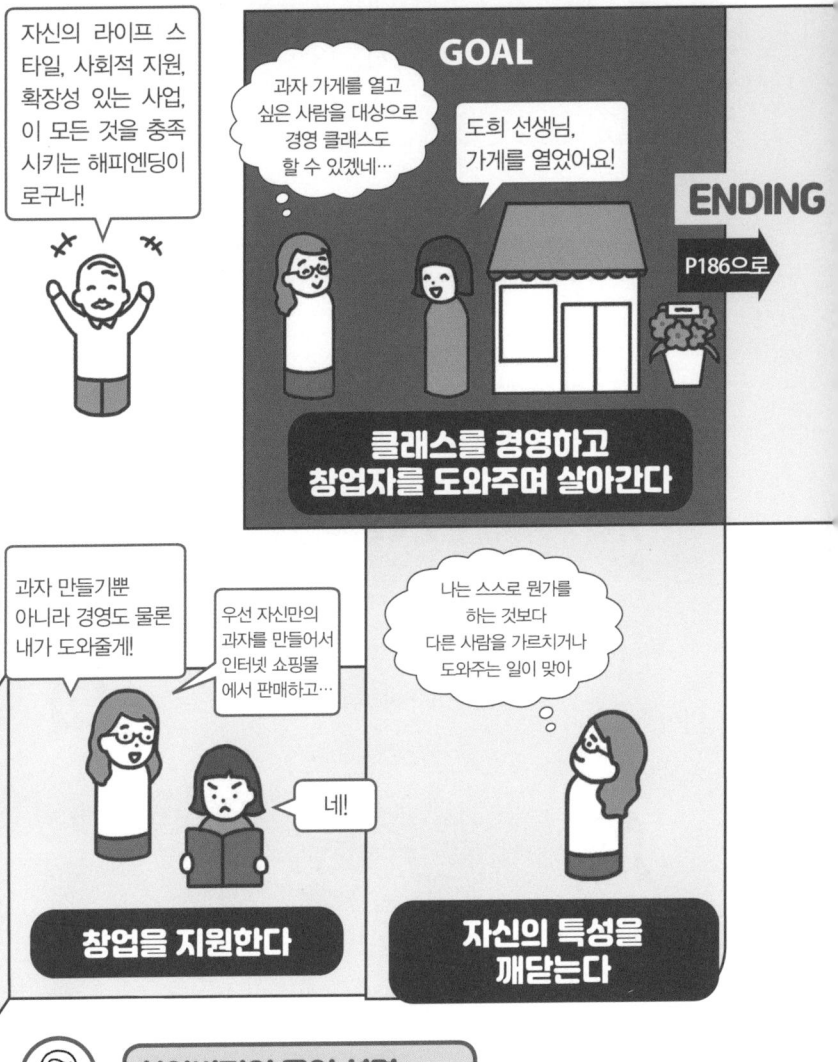

할아버지의 용어 설명

VC가 융자하는 대상은 성장하고 있는 업계의 혁신성 있는 사업뿐만이 아니란다. 그 이외의 수많은 기업가를 지원하는 것이 에인절(angel) 투자자라고 불리는 개인 투자자지. 요즘은 기업가와 투자자를 연결해주는 매칭 서비스도 있어.

에필로그

상장한 지호와 클래스를 열어 학생들을 가르치는 도희는 오랜만에 만나 근황을 이야기하고 있습니다.

있잖아, 내가 출자한 애가 옛날의 언니랑 쏙 빼닮았어. 에너지와 야망이 넘친다고나 할까?

내가 그랬나? 젊을 때는 그랬을지도 모르겠네. 아~ 그때의 에너지를 갖고 싶어!

회사 어려워?

아니, 잘 돼. 이번엔 해외에 공장 지어서 더 크게 할 거야. 하지만 주변 사람들은 '사장님, 더 신중하세요' 라나 뭐라나?

(옛날이랑 똑같네.)

지호야! 도희야!

앗, 할아버지!

허허, 둘 다 자기가 선택한 길에서 잘 지내고 있는 것 같구나.

그렇지 않아요. 저는 회사를 더 키워야 하거든요!

왠지 이 느낌, 셋이서 과자 만들어 팔기 시작했을 때랑 비슷하네. 그립다.

지호와 도희의 사업은 앞으로도 계속될 것 같습니다.

마치며

끝까지 읽어주셔서 감사드립니다.

경영학은 다방면에 걸쳐 있기 때문에 이 책 한 권으로 모든 것을 전달하기는 어렵습니다. 그러나 어떤 학문이든 우선 전체적인 흐름을 파악하고, 그 다음에 더 자세히 배워 나가는 것이 가장 효과적인 학습 방법이라고 생각합니다.

두 자매의 이야기와 일러스트를 통해 경영학의 전체적인 흐름은 파악했으리라 믿습니다. 당신이라면 어떤 길을 선택할 것 같나요?

사업과 장사는 그 목적에 따라 경영 방식도 크게 달라집니다.

창업이라고 하면 젊은 사람들이 하는 벤처 기업부터 떠오르겠지요. 하지만 백세 시대를 살아가려면 한 회사에서 계속 일하는 것만으로는 모자랍니다. 부업을 하거나 직장을 그만두고 장사를 하는 방법 등 다양한 삶의 방식이 필요한 시대가 되었습니다.

그런 의미에서 선인들의 식견이 담겨있는 경영학을 배워 두면 분명히 도움이 될 것입니다.

이 책을 읽고 여러분이 창업하는 데 보탬이 된다면 더할 나위 없이 기쁘겠습니다.

덧붙여 경영에 관한 최신 정보나 경영학 용어가 궁금하다면 '칼 경영학원(カール経営塾)'이라는 무료 웹사이트를 참고하세요. (https://www.carlbusinessschool.com/)

아타미 테라스에서 히라노 아쓰시 칼

주요 참고 도서

平野敦士カール. (2015). カール教授のビジネス集中講義 経営戦略. 朝日新聞出版.

平野敦士カール. (2015). カール教授のビジネス集中講義 マーケティング. 朝日新聞出版.

平野敦士カール. (2015). カール教授のビジネス集中講義 ビジネスモデル. 朝日新聞出版.

平野敦士カール. (2016). カール教授のビジネス集中講義 金融・ファイナンス. 朝日新聞出版.

平野敦士カール. (2012). マジビジプロ 図解　カール教授と学ぶ 成功企業 31 社のビジネスモデル超入門！. ディスカヴァー・トゥエンティワン.

平野敦士カール 監修. (2018). 経営学見るだけノート. 宝島社.

平野敦士カール 監修. (2018). マーケティング見るだけノート. 宝島社.

GOAL

SUGOROKU KEIEIGAKU

© 2019 Mayu Kitagamae / © 2019 Carl Atsushi Hirano
All rights reserved.
Original Japanese edition published by SB Creative Corp.
Korean translation copyright © 2023 by Korean Studies Information Co., Ltd.
Korean translation rights arranged with SB Creative Corp.

이 책의 한국어판 저작권은 저작권자와 독점계약한 한국학술정보(주)에 있습니다.
저작권법에 의하여 한국 내에서 보호를 받는 저작물이므로 무단전재 및 복제를 금합니다.

하루 한 권, 주사위 경영학

초판인쇄 2023년 06월 30일
초판발행 2023년 06월 30일

지은이 히라노 아쓰시 칼
그린이 기타가마에 마유
옮긴이 박제이
발행인 채종준

출판총괄 박능원
국제업무 채보라
책임편집 조지원·김민정
디자인 홍은표
마케팅 문선영·전예리
전자책 정담자리

브랜드 드루
주소 경기도 파주시 회동길 230 (문발동)
투고문의 ksibook13@kstudy.com

발행처 한국학술정보(주)
출판신고 2003년 9월 25일 제 406-2003-000012호
인쇄 북토리

ISBN 979-11-6983-402-5 04400
979-11-6983-178-9 (세트)

드루는 한국학술정보(주)의 지식 · 교양도서 출판 브랜드입니다.
세상의 모든 지식을 두루두루 모아 독자에게 내보인다는 뜻을 담았습니다.
지적인 호기심을 해결하고 생각에 깊이를 더할 수 있도록, 보다 가치 있는 책을 만들고자 합니다.